あしたの火山学

地球のタイムスケールで考える

神沼克伊
Katsutada Kaminuma

青土社

あしたの火山学　目次

あしたの火山学　地球のタイムスケールで考える

はしがき

日本列島は火山列島とも称されるように、多くの火山が並んでいます。その火山列の中で、今後も噴火活動がありそうな火山一一一座を「活火山」と指定し、周辺の住民や訪れる観光客に危険を伴う噴火が発生する可能性があることを留意するように、気象庁は広報しています。ひとたび噴火が起これば、多くの災害が発生する可能性のある火山ですが、平常時は、その山体や湖水、温泉など、周辺に美しい景観を創出し、多くの自然の恵みを与えてくれています。

その火山の仕組みを最初に解明してきたのは地質学や地形学などを専門とする研究者たちでした。明治の文明開化で日本に招かれた外国人「お雇い教師」の中には、日本の自然に興味を持ち、日本国中を歩き回ったり、高い山に登ったりして、日本の美しさを紹介してくれた人も少なくありません。「ナウマン象」に名を遺す、お雇い教師のナウマンは、交通の便の悪い時代に、日本中を旅して、初めて日本の地質分布図を作成しています。そのようなお雇い教師たちに指導され、日本にも多くの地質や地形を専門とする研究者が育ってきました。その中には火山に興味を持つ研究者も現れ、一つ一つの山が調べられ、古文書などに過去の噴火記録の残っていない山でも火山であることがつきとめられていきました。本書でもそれぞれの火山活動についての記述は彼らの長年の調査結果に基づいている部分が多々あります。

地質学者は火山ばかりでなく、二億年、三億年前からの日本列島形成過程も解明してきました。各地を歩き、露出する地層や岩石を調べ、それらをパズルのように組み合わせて考察し、狭い地域の調査結果から、その成果を日本列島全体にまで拡大していく彼らの想像力を私は尊敬しています。しかし、最近はそうした調査・研究の欠点も見えてきました。その欠点は火山噴火を予測するというような問題に直面した場合には、科学の専門的知識をあまり持たない一般住民に誤解を与える可能性があるということです。地質学者の多くは常に地球の寿命のタイムスケールで話します。彼らにとって一〇〇年はおろか一〇〇〇年先や一〇〇〇年前の出来事も、つい最近の出来事なのです。しかしその話を聞く一般市民は人間のタイムスケールで理解していきます。人間のタイムスケールは一〇〇年で十分なのです。

活火山の麓に住む人にとって、重要なのは自分の生きているうちに、噴火に遭遇するかしないかです。一〇〇年後、一〇〇〇年後に噴火するかしないかはどちらでもよいのです。今、次の瞬間から、明日、明後日、一週間後、一か月後の火山噴火の予測は、地球物理学的手法でその火山を観測している地球物理学者、研究者でなければできません。彼らは現在のデータを見て未来を予測します。地質学者が過去のデータから未来を予測しようとしているのに対し、地球物理学者は、レントゲン写真に映る病巣について診断する医者と同じように、現在の状態を見ているのです。過去の病歴ももちろん無視できないでしょうが、現在どうなっているか、その病巣にどう対処するかを考える医師のように、地球物理学者も、現在火山体内で起きているいろいろな現象を考えながら、火山噴火を予測しようとしています。

実はこの違いをよく理解しておかないと、一〇〇年先に起こる噴火かもしれない、つまり今の自分には関係ない噴火にも心配しなければならないことにもなるのです。そんな誤解を解いていただきたく本書を執筆することにしました。火山活動に対し正しい知識を得られれば、無用な心配をしないで、火山との共生ができます。

本書の噴火年代、山の標高などの数値はすべて『理科年表２０２１』（丸善）によります。

火山と共生し、その恵みを謳歌する人生を送るためにも、本書を一読していただきたいです。

第1章　富士山

火山国日本の最高峰は火山でもある富士山です。二一世紀に入り富士山は、三〇〇年間も噴火していないので、近い将来、噴火すると話題になることが出てきました。日本の象徴でもある霊峰・富士についてまず考えます。

1　荒ぶる山

「富士山の噴火を鎮めた御神徳により崇敬を集め、富士山信仰の広まりと共に全国に祀られ一三〇〇余の浅間神社の総本宮と称されるようになりました。」

これは「富士山本宮浅間大社」の御由緒です。

『富士本宮浅間社記』によれば、第七代孝霊天皇の御代、富士山は大噴火を起こし、周辺住民は離散し荒れ里となりました。このため天皇は「富知神」を奉斎し、山の怒りを鎮めようとされました。

その荒れ果てた状態が長く続いていましたので、第一一代垂仁天皇がこれを憂いて、垂仁天皇三年（紀元前二七年ごろとされる）に浅間大社を奉斎して、山霊を鎮め、以後全国に浅間神社が広がっていったと社伝は伝えています。

当時は神社の神域も定かでなく、現在の静岡県富士宮市内に山を拝む場所が設けられていたのでしょう。その後、曲折を経て、現在の形が作られていったのです。社名が現在の形に落ち着いたのは、一九八二年（昭和五七年）三月一一日です。

現在主祭神は木花之佐久夜毘売命、ご神体は富士山そのものです。本宮の所在地は富士宮市で登山口の一つになっています。そして奥宮は山頂にあり、八合目以上は社域です。このように富士山は紀元前から信仰の対象になっていたのです。

富士山本宮浅間大社と富士山

富士山の噴火で記録に残るのは七八一年（天応元年）八月四日に「駿河の国からの報告で富士山から灰が降り、木の葉が枯れた」という『続日本記』の記述が最初とされています。残念ながら孝霊天皇二年の噴火については、日本の歴史では神代の時代ですので、『古事記』にも『日本書紀』にも記されてはいません。

この事実から推測すると、少なくとも弥生時代のある時期までは、富士山は噴火を繰り返しており、地元の住民は恐れおののき、ただ山が静まるのを祈っていたことでしょう。富士山信仰はこの辺から芽生えたのではないでしょうか。垂仁天皇が浅間神社を創建したころより、火山活動は沈静化していったと考えられます。

中国の魏志倭人伝に出てくる卑弥呼の時代には、富士山は静かな山になっていたのではないでしょうか。とはいえ西日本のどこかに住んでいたと考えられる卑弥呼は富士山を見たことはなかったでしょう。

2　美しき山

日本の古墳時代から飛鳥時代、奈良時代と富士山は美しい姿で静かに人々の祈りの対象であったのでしょう。したがって奈良時代の万葉歌人も高らかに、その美しさを歌い上げています。高橋虫麿呂は「『万葉集』の中でも稀有のロマンチスト」（犬養孝『万葉の人びと』、新潮文庫、一九八一）と云われますが、下級官吏として常陸国にも赴任しています。その往還に読んだのでしょう。

日本（ひのもと）の大和の国の　鎮めとも
います神かも　なれる山かも　駿河なる
富士の高嶺は　見れど　飽かねかも

とその神々しさを畏敬し、美しさを感嘆しています。また同じく万葉の歌人山部赤人は

天地の　分かれし時ゆ　神さびて
高く貴き　駿河なる　布士の高嶺を
天の原　振り放け見れば　渡る日の
影も隠らひ　照る月の　光も見えず

白雲も　い行きはばかり　時じくそ
雪は降りける　語り継ぎ　言ひ継ぎ
行かむ　不尽の高嶺は

反歌

田児の浦ゆ　うち出でて見れば　真白にぞ
不尽の高嶺に　雪は降りけり

当時の田子の浦は現在よりも海がずっと内陸まで入り込んでいたでしょうし、赤人が読んだ場所ももっと西寄り、富士川河口よりも西側と考えられています。

それはともかくどちらの歌も、美しさ、神々しさは表現していても、山頂からの煙については何も語っていません。当時の人々にとっては、神々しく崇拝する山ではあっても、荒ぶる山ではなかったのです。

富士山と山中湖

社伝の信憑性は分かりませんが、孝霊天皇の御代から垂仁天皇の御代の頃、弥生時代の中頃になるのでしょうか、そのころは富士山の火山活動は活発だったことは確かでしょう。それが少しずつ沈静化していったので、浅間大社への人々の信仰もより一層増していったのだろうと、私は推測します。

その頃の富士山は形も現在よりははるかに対称的で、冬の季節にはどの方角から見ても「白扇を逆さにした形」に見えていたことでしょう。しかも万葉歌人が活躍した時代まで、少なくとも数百年間（例えば紀元〇～七八一年）は一九世紀から二〇世紀の富士山と同じように火山活動は全く認められなかったのです。当時の人々はその端麗な姿に手を合わせていただろうと想像されます。

3　貞観の噴火

富士山の噴火が統一的に科学の目で見られるようになったのは、一九一八年に震災予防調査会によって『日本噴火志』が発行されてからです。震災予防調査会は一八九一年の濃尾地震を契機に組織され、文部省が管轄した日本で初めての地震研究の組織です。日本国内の地震をリストアップした『大日本地震史料』と共に火山噴火に関しても古文書を調べ、まとめられたのです。その富士山の項の記述に基づいて以下を述べます。

七八一年の噴火を契機に、富士山は再び「荒ぶる山」の本性をむき出しにしました。八〇〇～二年、富士山は山頂から噴火が発生し、多量の灰を降らせました。その結果、都（現在の京都）から東国への主要道路だった足柄路が埋まって、使えなくなり、急いで箱根路が開かれました。また山麓より北東から東方向へ溶岩が流出しました。

神奈川県の寒川神社の記録には八二六年（天長三年）に「富士山焚」とありますから、小規模な噴火があったのでしょう。

八六四年（貞観六年）六月には噴火、火が見え、雷が鳴ったとありますから、山頂の中央火口から爆発が起こったのです。このとき、現在は「青木ヶ原溶岩」と呼ばれている溶岩が流出し、「せの海」を二分し、「西湖」と「精進湖」が出現しました。青木ヶ原樹海はこの溶岩流の上に回復した植生です。溶岩流は現在の富士吉田にも達し人家が埋没しました。

八七〇年（貞観一二年）、やはり寒川神社の日記録に「富士山中央大いに焚く」とあります。以下、その後の富士山の火山活動を箇条書きにしてみます。

九三七年（承平七年）、「富士山水海火に埋まる」（『日本通記』）

九九九年（長保元年）、「此頃　富士御山　焚く」（『本朝世紀』）

一〇三三年（長元五年）、「富士山火」（『日本通記』）。「溶岩の流出があったようだ」との記事が記されています

一〇八三年（永保三年）、「富士山燃焼怪あり」（『扶桑略記』）

一三三一年（元弘元年）、「地震、富士山崩数百丈」（『太平記』）。「噴火に非ざるに似たり」とあります

一五一一年（永正八年）、「富士山鎌岩焚」（『妙法寺旧記』）

一五六〇年（永禄三年）、「富士山噴火」（『日本災異志』）
一六二七年（寛永四年）、「富士山噴火、降った雨の色は黒かった」（『泰平年表』）
このほかに『理科年表2021』では 九五二年?、九九三年?、一〇一七年?、一四二七年?、一四三五または三六年の記載もあります。

4 活動の変動

先に見たように富士山は八〇〇年代（九世紀）には活発な活動を繰り返したようです。私の想像ですが、記録に残る噴火は、しばらく噴火が無かった富士山が突然噴火をした場合ではないかと思います。一度噴火が起こりますと、その後は同規模か、それよりは小さな規模の噴火が、多かれ少なかれ、しばらくは繰り返されたでしょうが、それは「当時のニュース」にはならず、記録には残っていないのだろうと推定しています。

ですから八〇〇年代の富士山頂からは、頻繁に噴煙が昇ることが見られたのでしょうし、時には、夜になると火口周辺がボーッと赤く見える、火映現象も見られただろうと推定できます。その場合には噴火口内に溶岩湖が存在していたと考えられます。

平安時代の文章博士・都良香（ミヤコノヨシカ：八三四〜八七九）は『富士山記』を残しています。

「富士」の名前は地元の古老の意見に従って使ったようです。同書には山頂や火口内の様子が描かれ、それは、今日の火口内の様子に近く、また役小角が富士に登ったことも記されています。活動が激しかった八〇〇年代でも、山頂に行けた時代があった、つまり連続的に噴火活動はなかったことを示唆しています。

この視点で見れば、一〇世紀（九〇〇年代）、一一世紀（一〇〇〇年代）にも、同じような状態が続いていたのでしょう。平安時代に書かれた『更級日記』には夕方になると、富士山の頂上付近に火が見えたと記されています。つまり火映現象が見られたのですから、火口内には溶岩湖が存在していた可能性があります。

一二世紀（一一〇〇年代）、一三世紀（一二〇〇年代）には噴火の記録がありません。ただ一二二三年に書かれた『海道記』には、「頂に沸して細煙かすかに立ち」とあります。一〇〇年以上噴火が無くても、火口内の岩石は高温で（多分山頂火口直下にはマグマが消し炭のように残っていて）、雨水などが、白煙（水蒸気）となって昇っているのが見られたのではないでしょうか。

一三三一年の『太平記』の記述は、地震が起こり山体が崩れたのですから、噴火活動ではありません。少なくとも一一世紀の終わりから、一四世紀のこの時まで、およそ二五〇年間は富士山の噴火活動は起こっていないのです。

『理科年表』には、「一四二七?、一四三五または三六」という記述があります。疑問符が付く一四二七年を無視するとしても、一四三五年は無視できません。ただ同書にも、その出典は記されていませんので、追及できません。この記述が正しく一五世紀の一四三五～三六年ごろに富士山が噴火したとすれば、それは一〇八三年以来の噴火です。単純計算では三五〇年ぶりの噴火になります。

また仮に一四三五～三六年の噴火を「正確性に欠けるから」と無視すると、次の噴火は一五一一年となり一六世紀です。平安時代の噴火から四三〇年近くが経過しています。いずれにしても富士山は一二世紀から一六世紀（鎌倉時代から室町時代）、その噴火活動は四〇〇年間前後の長期にわたり停止していたことになります。

しかし一転して一六世紀、一七世紀と富士山は思い出したように噴火を繰り返します。

研究者の中には富士山の噴火と、東海地震や南海地震――これは現在では南海トラフ沿いの巨大地震とまとめられています――が、その地震とが連動して起こると強く主張する人たちがいます。現在の地球物理学では南海トラフ沿いの地震も富士山の存在もその噴火も、フィリピン海プレートの沈み込みによって起こされていることは間違いなさそうですから、フィリピン海プレートの運動は、地震発生や火山噴火の親になります。そんな主張がありますので、過去の南海トラフ沿いの巨大地震を列挙しておきます。

過去にも南海トラフ沿いの地震は連動性があり、東海地震と南海地震が三〇時間の間をおいて、あるいは二年後、三年後にほぼ続けて起こった例がありますから、これらは一つと数えます。

過去の南海トラフ沿いの地震を列挙すると以下のようになります。

六八四年、八八七年、一〇九六（一〇九九）年、一三六〇（一三六一）年、一四九八年、一六〇五年、一七〇七年、一八五四（一八五四）年、一九四四（一九四六）年で括弧内は続いて起こったことを示します。

このうち、一七〇七年の宝永の地震以外は、地震の発生前後一〇年以内に富士山が噴火した例はありません。

5　宝永の噴火

一七〇七年（宝永四年）一二月一六日、富士山は長い沈黙を破って大爆発をし、新たに宝永山が生成されました。ただし『日本噴火志』には一七〇〇年（元禄一三年）、「この年　駿河　富士山噴火」（『日本災異志』）とありますから、マグマはすでに山体内まで上昇してきていたのでしょう。

一七〇七年（宝永四年）一〇月二八日に「宝永地震」（M（マグニチュード）8・6）が起こり、震害は東海道、伊勢湾、紀伊半島でもっともひどく、津波が紀伊半島から九州までの太平洋沿岸や瀬戸内海までも襲いました。我が国最大級の地震の一つで、現在のマグニチュードの決め方ですとM9の超巨大地震と呼べる地震でした。

この地震から四九日目の一二月一六日から噴火ははじまりました。前日の午後二時ごろより地震を感じはじめ、三〇回以上を数えました。富士山南麓の吉原では、一〇月に起こった宝永地震で半壊となっていた家屋が、この地震のために崩壊するほどでした。一六日午前一〇時ごろ、江戸では「空響き」と表現されるほどの強い空振を感じ、地面は震動しませんでしたが戸障子は大きく揺れました。地元では、この空振で気絶した人が出たと記しています。

宝永の噴火で出現した宝永火口と宝永山

江戸では同じ時刻に「青黒き山の如き雲煙を南西に見ゆ」と噴煙の上昇を認めています。午後一時ごろより鼠色の灰を降らし、午後四時ごろには、平日の日暮れのごとく暗黒となり、夕刻より砂を降らせ数ミリから一センチ程度積もりました。

一七日、江戸では「北東は晴れ、西南では黒雲退かず」の状態が続き、ときどき地震や空振を感じ、雷鳴を聞き電光を見たと云い、また降砂や降灰も続きました。このような状況が二週間ほど続き、年末になってようやく一連の噴火活動は沈静化しました。

江戸と富士山の距離などを考慮し、その降灰砂の具合から、噴火がもっとも激しかったのは噴火開始から四～五時間後だったと推定されています。

噴火が起こった宝永火口は富士山の南東山腹にありますが、マグマ片の火山弾や粉砕された岩石片は、火口の東側に飛散し、須走から御殿場以東、足柄峠や大山にも堆積しています。火山弾の大きさは小さなもので五～六センチ、大きなものは五〇センチから一メートルのものまでありました。人々はその火山弾の形から「鰹節石」あるいは「茗荷石」と呼んだそうです。

なお現在の調査から、この時の噴出物の総量は七億立方メートルで、九〇キロ東に離れた神奈川県川崎でも降灰砂の厚さは五センチに達しました。

この噴火により宝永火口（深さ約三〇〇メートル）、その北東縁に宝永山（二六九三メートル）が出現しました。その結果、東側の静岡県三島市付近から見る富士山には、山腹に大きな穴が開く姿になりました。また南側や北側から見ると東斜面に宝永山がこぶのように出っ張る姿となり、富士山が対称的に見えるのは、西側からだけになりました。

今後富士山は噴火のたびごとにその美しい姿を、崩していくのではと気になるところです。しかし、それも自然の流れで仕方のない事なのです。

『日本噴火志』には、約二か月後の一七〇八年（宝永五年）二月二四日「三河駿河相模武蔵砂を降らす」（『続王代一覧』）とあり、「富士山の噴出ならんか」と注釈があります。広い範囲の降灰砂ですから、富士山の噴火で間違いはないでしょう。そしてこれが、記録に残る最後の噴火です。最新の噴火と云えるかもしれませんが、二〇二一年から三一三年前の噴火ということになります。

6　次の噴火はいつ

二一世紀に入って間もなくの頃だったと思います。一部の火山研究者によって富士山噴火説が浮上してきました。その論旨は「宝永の噴火から三〇〇年が経過している。富士山はいつ噴火してもおかしくないから、次の噴火への備えをすべきである」でした。

この話を聞いて私はすぐ次の二点を確かめました。

1　富士山が噴火する兆候があるのだろうか。

2　備えとは何をどうすればよいのか。

火山の噴火とは云うまでもなく、火山体内にマグマが上昇してきて、山体内が熱せられ、圧力が上昇して、表面を覆う岩石が耐えられなくなって爆発することです。マグマの勢いが強ければ、爆発の力も大きく大噴火となり、そのままマグマも噴出します。噴出したマグマは溶岩と呼ばれますが、溶岩流となって流れ下ることもあります。それほど強くなければ、爆発で周囲の岩石を噴き飛ばし、火砕流と呼ばれる高温の土砂を噴出させ、砂礫やガスが混じった高温の混相流となって山麓へ流れ下ります。このような混相流は大きな火山災害を引き起こしています。いずれにしても、山体内にマグマが存在することが噴火の必要な条件です。

マグマの存在を探るために、現在は富士山を含め噴火が心配される五〇ほどの活火山の山体や周辺に、最低でも地震計を、さらには地面の傾斜や延び縮みを測定する器械を設置して観測しています（第5章2参照）。富士山の噴火を口にする研究者が出てきたので富士山に設置してある観測機器のデータに、何か異常な現象が記録されたのかと思いましたが、そうではありませんでした。

「備えろ」というのも、個々人が具体的に何をどうしておきなさいというのでもなさそうでした。少なくとも関係する自治体は噴火した場合を想定して、「住民の避難できる場所を確保して欲しい」というような漠然とした内容のようでした。

そこで、そのような発言をした研究者をみると、彼らの専門は（火山）地質学でした。地層や岩石、鉱物を調べて、噴火のメカニズムや過去の噴火の性質などの研究を専門としている人たちです。ですから、例えば「噴火のもとになるマグマが地下の深いところに現れたから噴火が近い」というような論拠ではないのです。火山が噴火する準備ができているかいないかは関係なく、「前の噴火から三〇〇年が経過しているから、次の噴火は近い」との主張でした。

そう理解した時、私は彼らに怒りを覚えました。少なくとも現代の日本人にとって、大噴火であろうとなかろうと、富士山が噴火するのは初めてで、大きな出来事です。一大事と考える人もいるかもしれません。そんな内容のことを、ただ三〇〇年を理由に、堂々とメディアに話をすることは到底理解できないことでした。

すでに述べたように、富士山が噴火活動しない期間が三〇〇年以上の事の方が、時期的には多いのです。西暦になっての二〇〇〇年間をみても、古墳時代から飛鳥時代、さらに奈良時代の数百年間、富士山は噴火していないと考えられます。一二世紀から一六世紀にかけても、四〇〇年間前後は噴火していないのです。そして一八世紀から二一世紀の今日まで、言い方によれば、「前の活動からまだたった三〇〇年です。いつ噴火するかは全く分かりません。その兆候もありません」というのが正しい答えだと考えます。

もしも「三〇〇年以上経過したから富士山は噴火する可能性が大きい」という発言が、住民のことを心配してのものだとしたら、彼らはその発言を続けるべきです。火山研究者としての信念からの発言なら、堂々と続けるべきなのです。しかしその後はそのような話は伝わってきません。

一九〇五年に東京に大地震が発生する可能性を指摘し住民に備えをうながした、当時の東京帝国大学地震学教室の今村明恒助教授は、世間を騒がせたと批判を浴びながらも、地震発生を説き続け一九二三年に大正関東地震が発生した時には、「地震を予測した先生」と評価されました。最初の発言から一八年後のことです。一九三〇年に東大を退官した後、今村は和歌山県下に観測網を整備し、東海地震、南海地震に備え、一九四四年の東南海地震、一九四六年の南海地震を迎えました。第二次世界大戦の終戦前後で世の中は混乱していた時代ですが、やはり地震を予測したと評価されました。東大退官から一五年が経過したころのことです。

しかし、「三〇〇年経過したから富士山が噴火する」と主張する研究者たちには、その後は口を閉ざしているのですから、今村明恒ほどの執念も無かったようです。

富士山の噴火に関しての私の考えは以下です。

一．富士山直下三〇キロぐらいの深さの地点で地震が発生しはじめる。

二．発生する地震は数を増しながら少しずつ、浅いところ（例えば深さ二五キロ）でも起こりだす。

三．地震の起こる場所がさらに浅くなる。立ち上がりの波形が明瞭でなくなる地震が現われてくる。

四．山体内で地震が群発してくる。

五．噴火。

詳細は別にして、大まかには以上の五段階を考えています。地震の起こっている場所は山体直下か山体内か、波形はタテ波とヨコ波が明瞭で区別ができるかなど、考慮すべき事項はいろいろありますが、地震の起こっている深さを慎重に見極める必要があります。地震の起こりだしている深さまで、マグマが上昇してきていることを示唆している可能性が高いからです。傾斜計や土地の伸縮計が設置してあれば、それらの観測データにも、相応の異常が出はじめるはずです。

マグマの上昇する速度は、どのくらいか分かりませんが、少なくとも過去三〇〇年間は、マグマが無かった場所です。そこへ地下からマグマが貫入し、岩石の隙間を割って入るように少しずつ、上昇してくるはずです。硬い岩盤の中を貫入してくるのですから、一～二日では無理でしょう。仮に一日に一キロ上昇するとしても、地下三〇キロからですと約一か月かかるのです。

したがって私は前記の二項目ぐらいの段階で、住民に知らせるのが良いだろうと考えています。一か月ぐらいの時間があれば、住民もそれ相応の準備ができるでしょう。しかし、地震が起きているからと云って、必ず噴火につながるとは限りません。その辺の実情も、住民には丁寧に知らせるべきです。少なくとも「三〇〇年たったから」という程度の警告よりは、真実味がある情報提供だと考えます。

7　山体内を透視する

火山の噴火は、火山体内にマグマと呼ばれる高温物質が地下深部から上昇してきて、発生します。したがってそのマグマの移動を捉えると山体内の姿、例えばマグマが火口からどのくらいの深さまで上昇してきているか、マグマの上昇に伴いどこでどの程度の地震が発生しているか、あるいは山体が膨張しているかなどの情報が得られてきます。それらの情報が十分にそろってくると、「いつ噴火するか」という噴火予測も可能になるので、噴火活動の頻度の高い火山には、地震計が置かれ、重力、ＧＰＳ、傾斜計など地殻変動を検知する観測機器も設置されて、連続観測が実施されています。活動頻度の高い火山では気象庁、大学などがそれぞれ観測網を構築して、ほぼ定常的に連続観測が実施されています。

このように火山体の表面つまり地球の表面に観測機器を並べて内部の姿を予測するのですが、近年は火山体内部の姿を調べる手法として、宇宙線ミュオン（ミュー粒子）が使われるようになりました。山体内を通過するミュオンを使って火山体の「レントゲン写真（ミューオグラフィ）」を撮る方法です。

宇宙で超新星が爆発しますと高エネルギーの宇宙線が宇宙空間に放出されます。四方八方に放出された宇宙線の一部が地球の大気圏に突入すると大気を構成する原子や電子と衝突することにより、二次宇宙線が生成されます。この二次宇宙線の中に「ミュオン（ミュー粒子）」と称される透過力の強い粒子が含まれ、「宇宙線ミュオン」と呼ばれています。

ミュオンは地球を包むように取り巻いている対流圏で生成され、地表付近にはもっとも多い荷電粒子として到達しています。電子の二〇七倍の質量を有し、電子よりも透過力が強大で、一晩で一〇〇万個のミュオンが体内を通過すると云われています。この性質を利用して火山体内を探ろうと計画され、実験がはじまりました。

火山体の中心部に向けてミュオン検出器（写真乾板）を設置します。検出器には火山体内を通過したミュオンが記録されていきます。しかし、もしマグマが存在していると、火山体内のその部分はミュオンの透過する量が異なって記録されるので、レントゲン写真と同じように火山体内のマグマの存在やその変化が検出できるのです。
すでに富士山や浅間山では観測が行われて、実用段階に入ってきています。火山体内の状態が常時監視可能な時代になりつつあるのです。

一口メモ（1） 富士山が噴火したら首都圏マヒの報道

コロナに対する緊急事態宣言が話題になっていた二〇二〇年四月一日、関東地方のメディアは一斉に、富士山で大規模噴火が発生したら、首都圏に積もる火山灰の影響と対策について検討していた政府・中央防災会議の作業部会が検討結果を公表しました。神奈川県では横浜に二～一〇センチ、山北は一メートル近くの降灰量があるとの想定値を示し、一〇センチ以上の降灰の堆積で、車の走行に支障が出る、ライフラインに大きな影響が出るなど、首都圏では都市機能のマヒと社会の混乱が懸念されることを報じました。

一般住民に対しても降灰の影響がいろいろ心配されていました。しかし、その対策はいつはじめるのか、急ぐのかは示されず、ただ想定される諸被害が羅列されていました。降灰の被害が想定される範囲には羽田空港や成田空港も含まれていました。

私はこの報道に接し、発表した人たちの神経を疑いました。会議をリードした人たちは年度末で、会議で一定の結論が出たので、公表したのでしょう。国民に結果を知らせるのは当たり前だから、何のためらいもなく発表したのだと思います。しかし、国民の関心がコロナに集中し、国中が不安になっている時に、なぜ緊急性の無い、暗いニュースでこんな発表をするのかが不思議でした。

富士山の噴火で影響を受けるのは、おそらく日本の全人口の二〇～三〇パーセントでしょう。富士山がすぐに噴火の可能性があるならば、発表すべきでしょうが、まったくその気配もない時なのです。降灰の危険性が指摘されたからと云って、そのニュースを知った住民がすぐに、何かをやるべきこと、できることがあるのでしょうか。

発表はただ危険の可能性を指摘するだけです。具体的な対応は何も示していません。地方自治体は降灰による交通網やインフラへの影響を理解し、対応を考えるべきでしょうが、それにしても、コロナ騒動の最中では、その対応に追われ、緊急でもない富士山の噴火への対応はできないでしょう。一般的に見れば、そんな世の中の状況への配慮もなく、発表の効果も期待できないのが明らかだと思うのに、ただ発表して職務を全うしていると考える関係者の思考過程は理解できません。

第2章　きのうまでの火山学

一九世紀後半、日本は文明開化の時代で、ようやく科学的な目で火山も調べられる時代になりました。日本中の火山の記載分類が進み、火山帯、活火山、休火山、死火山などの学術用語が使われ出しました。二〇世紀半ばまで続いた火山学の揺籃期を概観します。

1　火山の型

日本では一九五〇年ごろまでは、火山学ばかりでなく、多くの学問分野で、学術用語としてドイツ語が使われていました。その時代までに火山の話を聞いた人たちは、火山の型としてドイツ語の名前を教えられていたのです。

富士山は成層火山の代表ですが、コニーデ（円錐火山）と呼ばれていました。山頂からの噴火の繰り返しで、山頂火口から裾野へと噴出物が少しずつ堆積して山体が形成されていったのです。特徴は山頂の火口は比較的小さく、広い裾野まで頂上付近は三〇度にもなる急傾斜、裾野はゆったりと広がり、山腹から山麓に多くの寄生火山（噴火口）を有しています。

噴出した溶岩が流れにくいと、つまり溶岩の粘性が大きいと、噴出した溶岩は遠方に流れることはなく、噴火口の上や周辺に饅頭型、あるいは釣り鐘を伏せたような火山体が出現します。成層火山とは異なり火山体全体が溶岩で、このような型の火山を溶岩円頂丘あるいはドーム（あるいは溶岩ドーム）とも呼びますが、トロイデ（鐘状火山）と呼ばれていました。この型の火山は山頂付近には数多く見られます。平坦な麦畑の中に突然現れ、日本でもっとも新しい山のひとつである昭和新山もこの型です。

特に粘性の高い溶岩が流れ出た場合には、溶岩がチューブから絞り出されたような尖塔が形成されます。これをベロニーテ（溶岩尖塔）と呼びます。この型は独立した火山として存在するのではなく、大きな火山の噴火口や山腹に形成されます。流れやすい溶岩では、噴火口から流れ出て広く分布します。繰り返す噴火によって広い溶岩の台地が形成されたりします。インドのデカン高原はその代表ですが、アスピーテ（盾状火山）と呼びます。現在噴火しているハワイ島のマウナロアやキラウエアなどの火山もこの型です。日本では岩手県の八幡平の頂上域が高原状になっているので、付近の観光道路は「八幡平アスピーテライン」と名づけられています。

噴石丘と呼ばれる山があります。火山灰、火山礫、岩屑、軽石などの噴出物が噴火口の周りに降り積もった山で、高さは数百メートル以下で、すり鉢を伏せたような形をしています。山の高さに比べて、噴火口の特に大きなものは臼のような型でホマーテ（臼状火山）と呼ばれています。

マールの霧島山系御池、背後は高千穂峰

このように、一九五〇年代ごろまでの火山学では火山の型をドイツ語で表現していました。しかし現在では、ほとんど日本語が使われています。日本人同士の研究者間でも同じで、ドイツ語で火山の型を表現することは皆無です。

当時から使われているただ一つの用語はマールです。学術用語になっていますので、英語国民もマールと呼んでいます。マールは爆発的な噴火で地表にできた窪地で、周囲には岩屑の丘が認められることがありますが、ほとんど噴出物が堆積していません。窪地には水が溜まり湖水になっています。日本では秋田県男鹿半島の一ノ目潟、二ノ目潟、三ノ目潟がよく知られています。

2　火山帯

一九五〇年から六〇年代ごろまでは、日本の火山は次のような火山帯に区分されていました。北から千島火山帯（北海道東部雌阿寒岳や十勝岳など）、那須火山帯（北海道の利尻島、有珠山、北海道駒ヶ岳、本州の岩手山、蔵王山、磐梯山、那須岳、浅間山など）、鳥海火山帯（渡島大島、岩木山、鳥海山）、富士火山帯（富士山、伊豆大島、三宅島、青ヶ島など）、乗鞍火山帯（焼岳、乗鞍岳、御嶽山（当時は死火山））、白山（大山）火山帯（本州の白山、大山など）、霧島火山帯（九州の鶴見岳、阿蘇山、雲仙岳、霧島山、桜島など）の七つの火山帯に属すると考えられていました。それぞれの火山の分布から考えられた分類です。もし手元に一九六〇年代ごろまでに発行された古い地図があったら調べてみてください。前記のような「〇〇火山帯」の記述が認められるでしょう。

それぞれの火山の岩石の種類や特徴を調べ、グループ分けする記載分類は、自然科学の研究の第一歩の手法です。「火山帯」はこのように火山研究の第一歩として、考えられました。

一九六〇年代になると地球を物理学的な視点で調べる地球物理学が進歩し、火山でも進歩した観測がなされるようになってきました。火山が噴火すると、それまではまず爆発によってマグマが噴出したかどうか、噴出したとしたらどんな性質のマグマかなどを調べるなど鉱物学、岩石学、地質学的な手法ばかりでなく、地震、重力、地磁気などの地球物理学的な手法で調査・観測がなされるようになりました。その結果、火山の山体構造や噴火のメカニズムなどが少しずつ解明されてきました。そして火山ばかりでなく、地震や地形など、地球の表面付近のいろいろな現象を説明できるモデルとして「プレートテクトニクス」が提唱されました。

地球表面の一つの現象として、ヨーロッパアルプスの二〇〇〇メートル、三〇〇〇メートルの標高の高い地域の地層から、魚や貝などの海息生物の化石が発見されていることから、一八世紀ごろには、太古には海底だった地層（地盤）が隆起して高い山になることは気が付かれていました。つまり陸地が上下方向に動くことは理解されていたのです。

プレートテクトニクスの提唱により、地球の表面を大陸が移動することが明らかになりました。地球表面はプレートと呼ばれる十数枚の板状の岩盤に覆われていて、そのプレートは主に海底を形成し、大陸はそのプレートの上に乗って地球表面を移動していくというわけです。

海洋底にはところどころに海嶺と呼ばれる海底山脈が走っています。プレートはその海嶺で地球内部から湧き出し、海底を形成しながら海嶺の両側に拡大してゆき、ほかのプレートとぶつかるところで、地球内部へと消えていきます。消えるというよりも、ぶつかった相手のプレートの下に沈み込んでいき、地球内部へと吸収されていくのです。その沈み込むときに付近の海底を内部に引き込みますので、海溝が形成されます。海溝は海底にできた深い谷です。つまりプレートは海嶺で生まれ、海溝で消えると説明されています。

そしてプレートの湧き出し口や沈み込み口に沿って火山が並んでいます。日本列島の太平洋側には千島海溝から日本海溝、さらに伊豆諸島から小笠原諸島の東側には伊豆・小笠原海溝が並んでいます。日本海溝と伊豆・小笠原海溝は東側から押し寄せる「太平洋プレート」の沈み込み口です。そこに形成された火山帯を「東日本火山帯フロント」、南側から押し寄せてきているフィリピン海プレートの沈み込みによって「西日本火山帯フロント」が形成されていると考えられるようになりました。フィリピン海プレートの沈み込み口には、南海トラフが形成されています。トラフは海溝よりも浅い舟底状の窪地です。プレートの沈み込みによって火山が生まれる詳細は次章で述べます。

3　生き返った「死火山」

日本の火山研究は地震研究とともに、一八九一年の濃尾地震（M8・0）を契機に、震災予防調査会が発足し本格的な研究・調査がはじまりました。その調査の一環として同会の会長事務取扱で東大教授だった大森房吉が『日本噴火志』を一九一八年に出版しました。当時の大森は東京帝国大学地震学教室の二代目の教授として、また震災予防調査会の実質的な責任者として、地震が発生しても、火山が噴火しても、現場に赴き、文字通り八面六臂の活躍をしていました。世間にはあまり知られていないようですが、大森はノーベル賞の候補者にもなったようです。しかし本人はあまり受賞に対し積極的な対応はせず、受賞には至りませんでした。日本人初のノーベル賞受賞者に湯川秀樹が選ばれる三〇年以上前のことでした。大森の業績は『地震学をつくった男・大森房吉』（上山明博、青土社、二〇一八）に詳しくまとめられています。

『日本噴火志』には古文書から選び出された各火山の噴火記録がまとめられました。この文献調査によって研究者たちはようやく日本の火山のそれぞれの活動を知ることができるようになりました。文字通り火山の記載分類がはじまったのです。そして「日本島弧図」に北海道の有珠山から本州の浅間山、新潟焼山、白山に至る火山列、九州から薩南諸島の火山列、富士山から伊豆諸島、硫黄島に続く火山列の存在を指摘しています。この富士山からの火山列は本州の火山列に直角に位置しており、後述する現在の東日本火山帯フロントを彷彿させる図になっています。大森はこの三本の火山列にもとづき、前節で述べた那須火山帯、富士火山帯などの分類を進めたのです。

その中で日本の火山は活火山、休火山、死火山と分類されました。活火山は文字通り現在活動している火山で、北海道の有珠山、浅間山、伊豆大島、阿蘇山、桜島などです。休火山は過去にその火山の噴火を人間が確認し、古文書などにも記載されていますが、現在は活動していない火山で、富士山がその代表でした。そして火山であることは間違いありませんが、人間がその活動を見ていない火山は死火山と定義され、二度と噴火は起こらないと考えられていました。箱根山や木曽の御嶽山、乗鞍岳などがその例です。

ところが火山学で「死火山」と定義されていた火山が噴火をする現象が起こりました。一九七九年一〇月二八日、死火山としていた御嶽山（三〇六七メートル）で突然噴火が発生し、地元の自治体をはじめ関係者を驚かせました。特に驚いたのが火山研究者たちでした。もう噴火することがない、死んだと考えていた火山が、生き返ったのです。大森房吉以来、死火山と定義されていた火山が噴火したので、多くの火山研究者が「御嶽山」が生き返ったと驚き、そのように説明していました。

しかし、実際には一九六二年に当時の「国際火山学協会」が出版したカタログには、御嶽山も将来噴火する可能性のある山と定義されていましたので、前記のように記していたのは間違いだったのです。少なくとも私はその間違いを犯していましたし、日本の多くの火山研究者たちが「国際火山協会」のカタログに気が付いてはいなかったようです。

その後も国際火山学協会が発展した「国際火山学及び地球内部化学協会」でも活火山の定義の議論が繰り返された結果、「おおむね過去一万年以内に噴火した火山及び現在活発な噴気活動のある火山」と定義され、死火山や休火山という言葉は聞かれなくなりました。休火山や死火山という言葉は死語になりました。その結果、日本国内の火山が再調査され、それまでは二〇〜三〇座程度と考えられていた活火山は一一一座となりました。次節以降で説明する火山もほとんど活火山です。

大森によって一〇〇年以上前にまとめられた『日本噴火志』は日本の火山活動を知る基本情報として、火山研究に役立っています。本書で紹介する古い時代の火山噴火のほとんどは『日本噴火志』に記載されていますし、その情報によって過去の火山活動が推定されているのです。

歴史時代以前の各火山の活動履歴は地質学的な調査の結果です。

第3章　新しい地球科学

二〇世紀の地球科学の最大の成果はプレートテクトニクスの登場でした。この理論はまだ完全に完成されたとは云えませんが、地球表面付近で起こるいろいろな現象、地形、地震、火山などを同じモデルで説明できるようになりました。それまで陸地は上下方向に動くことは知られていましたが、地球表面を水平方向にも動くことが明らかになり、地球科学は大きく発展しました。

1　火山の親はプレート

一九一〇年代に提唱された大陸移動説から発展して、一九六〇年代に再提唱されたプレートテクトニクスは、二〇二〇年代の今日でも完全に完成された理論ではありません。まだ未解明の部分が残っています。その未解明の部分の一つが日本列島に押し寄せ、ほとんどの国民が名前を知っているフィリピン海プレートの発生地域が完全には解明されていないことです。また南極大陸を含む南極プレートの構造やダイナミクスもほとんど未解明なのです。しかし、プレートテクトニクスは日本列島のような島弧の存在、火山の存在、地震の発生、海溝の存在など地球の表面付近の地形を含むほとんどの現象を説明できるただ一つのモデルと考えられています。

地球表面はプレートと呼ばれる厚さ一〇〇キロ前後の板状の岩盤におおわれ、第2章2でも述べたようにそのプレートは主として海底山脈を形成する海嶺で地球内部から湧き出し、海底を形成しながら拡大し、海溝で地球内部へと消えていきます。プレートは海底を形成するとともに、その上に大陸を乗せて、地球表面を移動していくのです。大陸が地球表面を水平に移動するメカニズムが明らかになり、一九三〇年代にアフリカ大陸の西岸と南アメリカ大陸の東岸の海岸地形が似ていることから、この二つの大陸はかって一つの大陸で、その後分裂して現在の大陸分布になったという「大陸移動説」がようやく認められるようになりました。プレートテクトニクスは二〇世紀の地球科学史上最大の成果と評価されています。

地球上の火山は主にプレートの湧き出し口にあたる海嶺や沈み込み口にあたる海溝に沿って並んでいます。日本列島は北アメリカプレートとユーラシアプレートが陸側を形成し、海側（太平洋側）へは太平洋プレートとフィリピン海プレートとが押し寄せ、千島海溝、日本海溝、伊豆・小笠原海溝、さらに南海トラフ、南西諸島海溝を形成し、地球内部へと沈み込み、消滅していくのです。日本列島の太平洋岸は「太平洋プレート」と「フィリピン海プレート」の沈み込み口であり、その結果、日本列島に多くの火山が存在するのです。

なお南海トラフは西日本の太平洋側の四国沖から九州東側に延びる細長い舟底状の窪地です。トラフは「深さが六キロを超えない細長い海底地形」と定義され、深さが一〇キロにも達する海溝と区別されています。西日本の太平洋側には海溝ほど深くはありませんが、細長い窪地が存在しているのです。トラフは「舟状海盆」とも呼ばれます。

プレートが地球内部に沈み込むとき温度や圧力の上昇によって分解され含まれていた水が放出されます。その水が加わりマントルは部分的に溶けマグマが生じます。その「マグマ」の噴出により日本列島の火山は形成されています。このように火山が形成されるメカニズムが明らかになり、地球上の火山が分布する火山帯の存在理由が解明されてきました。プレートは火山を生み出す親だったのです。

2　火山噴火と大地震発生は兄弟姉妹

プレートの沈み込み口に位置する日本列島は、地球規模のグローバルな視野でみれば全体が火山地帯です。同時に日本列島は地震列島とも呼ばれるように、地球上で発生する地震の一〇パーセントが列島周辺で起きている地震の多発地帯です。地震もまた主にプレートの湧き出し口や沈み込み口、プレート同士が衝突するような地域で発生しているのです。地球上の地震分布を見ると、地震帯と呼べるように帯状に分布していますが、そのラインはプレート境界でもあるのです。

日本列島の太平洋側では海溝やトラフ沿いに、M8クラスの巨大地震やM9クラスの超巨大地震が起こる地域なのです。二〇一一年三月一一日の「東北地方太平洋沖地震（M9・1）」は太平洋プレートの沈み込み口の日本海溝付近で起こりました。この地震は原発事故が発生したため、発生から一〇年が経過しても自宅に戻れない多くの人がいるという、おそらく世界の地震災害史上最悪の被害をもたらした地震です。一九二三年九月一日の関東地震（M7・9）は日本列島の下に沈み込むフィリピン海プレートの北東端で発生しましたが、相模湾がその震源地で、日本の首都圏が壊滅的な被害を受けた地震でした。相模湾西部にはフィリピン海プレートの沈み込みによる相模トラフが形成されており、関東地震もその付近で発生したのです。

一九七〇年代ごろからその発生の可能性が指摘されている東海地震は、南海トラフ沿いの地震です。南海トラフ沿いでは過去にも南海地震、東南海地震、東海地震などと呼ばれるM8クラスの巨大地震が繰り返されていることが知られています。二一世紀になってもっともその発生が心配され、危険視されているのもこの南海トラフ沿いの地震です。過去にも一〇〇〜二〇〇年ぐらいの間隔で巨大地震が発生しているからです。

このようにグローバルな視点で日本列島を見ますと、火山が分布するとともに、地震が多発する地球上の弧状列島なのです。その原因は二つのプレートが沈み込んでいる地帯だからです。プレートの沈み込みや衝突によって火山活動が起こり、地震が発生しているのです。プレートは火山の生みの親でもあると同時に、地震を発生させる親でもあるのです。

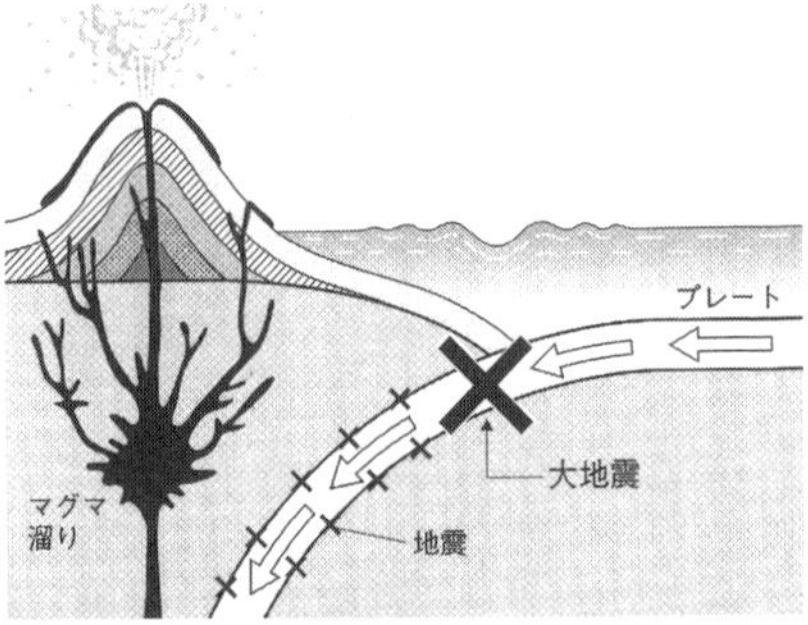

地震と火山は兄弟の模式図（『地震と火山の100不思議』東京書籍より）

火山と地震はともにプレート運動によって生み出される兄弟あるいは姉妹の関係です。研究者の中には火山噴火が発生すると、大地震が発生する、あるいは大地震が発生すると近くの火山が噴火するとの私見を発表する人がいますが、この二つは決して親子の関係ではないことに留意し、十分に注意をし、理解して欲しいです。もちろん火山が噴火するとその火山体の周辺では小さな地震が多発します。このような地震は火山性地震と呼び、プレート運動によって発生する構造性の地震とは区別します。大地震の発生と火山噴火の発生は親子の関係ではないというのは理解してほしい重要なポイントです。

3　火山帯フロント

日本列島の火山分布は、一九一八年に発行された『日本噴火志』で大森房吉が指摘しているように、北海道から本州中央部までの南北の列、九州から薩南諸島への南北の列、それに本州の中央から伊豆諸島から小笠原諸島に続く南北の列の三本の火山列あるいは火山帯に大別されていました。大森はこれを細分化して第2章2に述べたように七つの火山帯に分類していたのです。しかし改めて新しい目で見ると、大森の区分は極めて的を射た分類であることが分かりました。

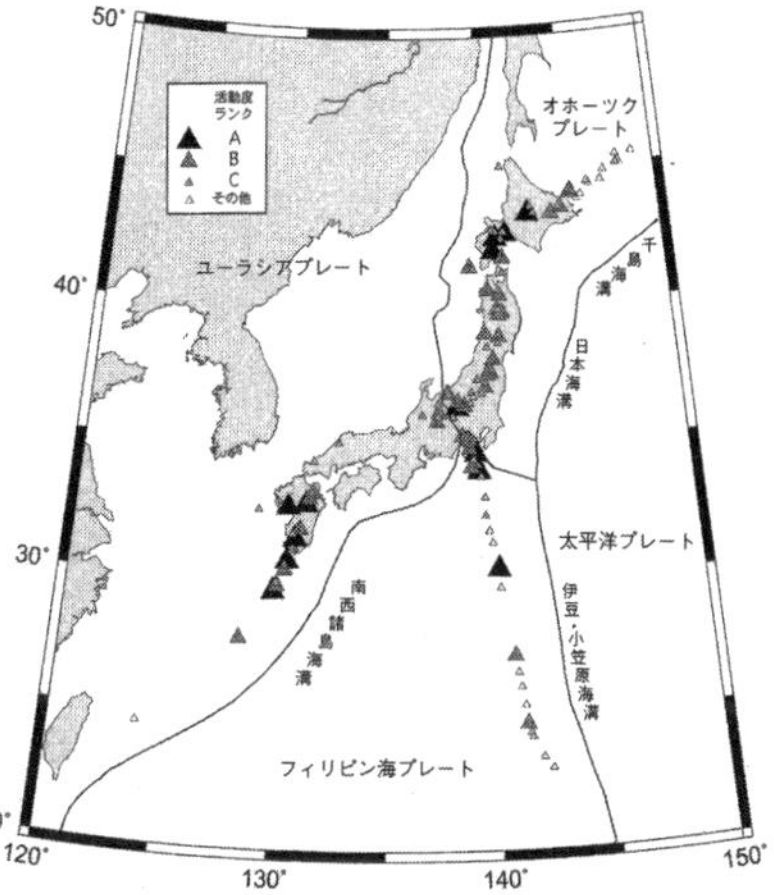

日本の活火山（▲）とプレートの分布

火山帯フロントと海溝（『地震と火山の100不思議』東京書籍より）

大森が分類した北海道から本州への火山列と本州中央から伊豆・小笠原の火山列はほぼ南北につながり、千島海溝から日本海溝や伊豆・小笠原海溝に並列になっていたのです。もちろん大森の時代、日本列島周辺の海底地形はまだ精査されていなかったでしょうから、海溝が今日ほど明瞭ではなかったとは思います。同じように九州から薩南諸島に延びる火山列の太平洋側には、九州から薩南諸島、さらには琉球諸島と並行するように南海トラフから南西諸島海溝が続いています。

そこで現在では北海道から本州の東側、さらに伊豆・小笠原に続く火山列を「東日本火山帯フロント」、九州から薩南諸島に続く火山列を「西日本火山帯フロント」と呼んでいます。

東日本火山帯フロントは、太平洋プレートの北アメリカプレートの下への沈み込みにより形成された千島海溝、日本海溝、さらにフィリピン海プレートに衝突し沈み込み伊豆・小笠原海溝が形成され、出現したのです。衝突を受けているフィリピン海プレートはそのまま北上を続けています。その上に並ぶ伊豆諸島や小笠原諸島はフィリピン海プレートの上に乗り少しずつですが北上を続けています。過去にはフィリピン海プレート上に形成されていた火山島が本州に衝突して伊豆半島が形成されています。伊豆大島もやがては本州に衝突するでしょうが、そのようなことが起こるにしても一〇〇万年以上も先の話です。

伊豆半島を中心とする本州中央部の地下にはフィリピン海プレートの沈み込みと、太平洋プレートの沈み込みが複雑に作用しています。その中で形成されたのが富士山や箱根山です。太平洋プレートはかなり内陸まで入り込んでいると推定されます。

西日本火山帯フロントは、フィリピン海プレートのユーラシアプレートの下への沈み込みにより形成された南海トラフ、南西諸島海溝に沿って出現した火山列です。

これら二つの日本列島の火山帯フロントは、グローバルに見れば日本列島全体が、太平洋を取り囲むように存在する環太平洋火山帯の一部なのです。日本の火山帯フロントは北へは千島からアリューシャン列島の火山帯に続き、南へはフィリピンからインドネシアの火山帯へと続いているのです。

4　ホットスポットの火山

全地球的な視野で火山を見ると、海嶺と海溝つまりプレート境界以外で、プレートの真ん中にも火山が分布しています。このような火山は「ホットスポット」とか「ホットスポット型火山」と呼ばれています。ホットスポットはその熱源が一〇〇〇キロ以上の地下深部に存在し、高温物質がゆっくりと上昇し、地球表面のプレートの厚い岩盤を突き破って噴出し、火山体が形成されている火山の総称です。太平洋プレートの中央に位置するハワイ諸島はその代表的な火山です。南極大陸の縁、マクマード入り江にある活火山エレバスを含むマクマード火山群もホットスポットと考えられています。

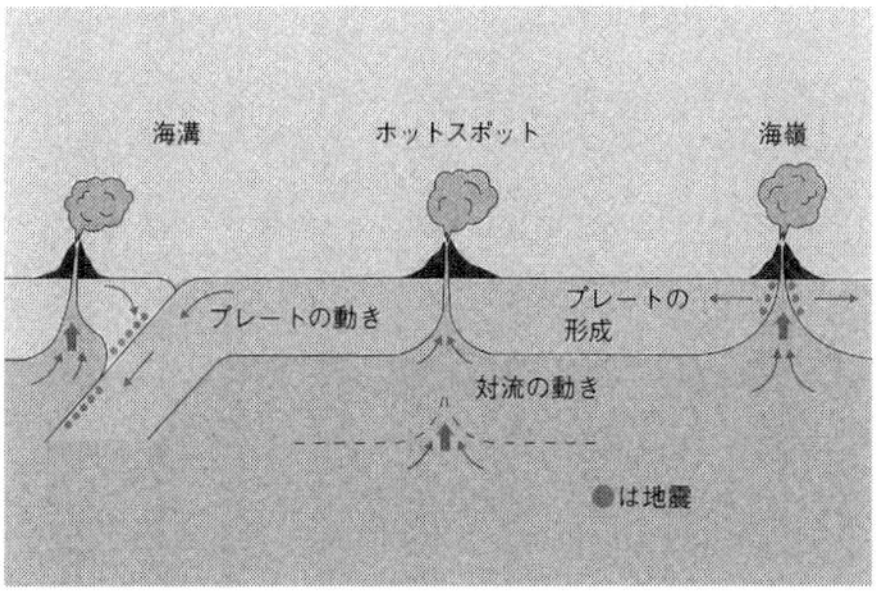

ホットスポット概念図（『日本の火山を科学する』ソフトバンククリエイティブより）

　おもな島だけで八島あるハワイ諸島の中で最西端に位置するニイハウ島やカウアイ島からマウイ島までの七島は、ほとんど活動を終えた火山島です。わずかにマウイ島の東部に位置するハレアカラ火山は、人類がその噴火を認めてはいますが全体としてはもう活動を終えた火山と考えられています。そして東の端に位置するハワイ島だけが現在も活発に活動を続けています。

地球深部からは次々に高温のマグマが上昇し噴火を繰り返していますが、その噴出口が現在のハワイ島なのです。その西隣のマウイ島も火山活動はほとんど終息しており、さらに西側のオアフ島は、ダイヤモンドヘッドに代表されるように、いくつかの噴火口跡は鮮明に残っていても、再び噴火することはないと考えられています。

ハワイ諸島を起点に西北西方向に海山（海底火山）が連なり、その延長線上にはミッドウェー諸島が並びますが、これらの島々も現在のハワイ島付近で噴出した溶岩によって次々に創出された火山島です。その島々が日本列島の方向に移動する太平洋プレートに乗って、現在の位置にまで移動したのです。ハワイ諸島からミッドウェー諸島に並ぶ海山列が太平洋プレートの動きを示す典型例と云えるでしょう。

カウアイ島と茨城県鹿島には共に大型パラボラアンテナの電波望遠鏡が設置されています。この二か所の電波望遠鏡を使い宇宙空間の同じ天体から発せられる電波を同時に観測し、その電波の到達時間差（または電波の位相差）を測定することにより二点間の距離を正確に測定する観測が繰り返されています。この観測は超長基線電波干渉計（ＶＬＢＩ）と呼ばれ、海を挟んで遠く離れている二点間の距離をミリ単位の精度で測定することが可能です。毎年定期的にこの観測を繰り返していますが、その結果、カウアイ島は毎年九〜一〇センチメートルの割合で鹿島に近づいていることが明らかになりました。つまり太平洋プレートはハワイ諸島を乗せて毎年一〇センチほどの速さで日本に運んでいるのです。

地球上の大きなプレートの中には必ずと云ってよいほど、ホットスポットの火山が存在します。全地球的に見れば一〇〇座以上のホットスポット型火山があると考えられています。そのなかにはアイスランドのように、海嶺の上にありながら同時にホットスポット型の火山という例もあります。地球内部の複雑さを表しています。

5　ハワイと南極の火山が関係あり

ハワイ島ではキラウエア（北緯一九度二五分、西経一五五度一七分、一二二二メートル）やマウナロア（北緯一九度二九分、西経一五五度三七分、四一七〇メートル）の二つの火山が現在でも活発に活動しています。アイスランドではクラフラ（北緯六五度四三分、西経一六度四六分、六二〇メートル）が頻繁に割れ目噴火を繰り返しているほか、島の至る所から噴火が起きています。島内ばかりでなく周辺にも火山が噴出し、新しい火山島が出現しています。

アイスランドはユーラシアプレートと北アメリカプレートの境界に位置しますが、その境界はプレートの湧き出し口で、その湧き出し口のところにたまたま地下深部からのマグマの上昇によりホットスポット型火山が出現したのです。アイスランドの北端は北極圏に入りますが、北極圏内の数少ない火山の一つです。島内どこからも噴火しますし、北極圏内にあるので氷河も存在します。氷河の底で噴火が発生すると噴出した溶岩が氷河を融かし、泥流となって山麓に流れ下り、時には人の住む地域を襲い被害を発生させます。流れやすい玄武岩質の溶岩が作った平坦な地形には、多くの滝とともに、南北に走る何本もの亀裂がみられます。この亀裂をギャオと呼びますが、湧き出してきたプレートが東西に分かれるため、東西に引っ張る力が働き岩盤が割れ島内のあちこちにギャオが存在します。

アフリカプレート内のアフリカ大陸コンゴ民主共和国にあるニーラゴンゴ（南緯一度三一分、東経二九度一五分、三四七〇メートル）は付近一帯のビルンガ火山群の主峰的存在ですが、やはりホットスポット型火山です。噴火が発生すればしばしば流れやすい玄武岩質溶岩が流出し、山麓の街に大きな被害をもたらしています。そして山頂の火口内には溶岩湖が存在し活動を続けています。

二〇二一年五月にも噴火し市街地にまで溶岩が流れ込み多くの死者がでています。

南極プレート内にもいくつかの火山が存在しますが、エレバス（南緯七七度三二分、東経一六七度一〇分、三七九四メートル）を含むマクマード火山群はホットスポット型火山です。現在活動しているのはエレバスだけですが、一八四一年の発見以来、断続的に活動が確認されており、頂上の火口内には溶岩湖が存在し続けていることで知られています。エレバス山頂火口内の溶岩湖は、一度出現すると一〇年以上も存在し続けているようです。溶岩湖が存在すると、夜間には火口周辺やその上の雲がボーッと赤く見えます。火映現象です。太陽の出ない南極の極夜、エレバスの頂上だけが赤く見えるのです。

これらの火山の特徴はひとたび噴火が発生すると、その火山活動は数週間から数か月も続くことです。山頂の火口内には溶岩湖が存在し、その表面は昼間でも赤く見え、常に地下からマグマの供給があることを示しています。

さらに興味深いのは、南極のエレバスから、太平洋中央のハワイ、大西洋北部のアイスランド、そしてアフリカ大陸中央部のニーラゴンゴと、この四つの火山はほぼ大円上に、角距離（中心から角度で表した球面上の二点間の隔たり）がおよそ九〇度で並んでいるのです。二つに割ったスイカの断面を想像してください。スイカの上の部分にアイスランドがあるとすると、エレバスは底の部分に位置します。輪切りにして上の部分のアイスランドの右側中央にハワイが、左側中央にはニーラゴンゴが位置します。それぞれの間隔がほぼ九〇度なのです。

なぜこのような配置になったのか、未解明です。ホットスポット型火山は地下深部から高温物質が上昇してくることに原因があるとは想像できますが、まだ答えは得られていません。高温物質の地下深部からの上昇過程を「マントルプルーム」とよびますが、地下深部でのその発生メカニズムの解明が、その答えを与えてくれると期待しています。

マントルプルームとは地球深部から上昇してくるマグマの流れです。その湧き出し、プレートを突き破って地球表面にホットスポットを形成するシステムをプルームテクトニクスと呼びます。

プレートテクトニクスで説明できない部分を補完する学説です。

6　惑星にある火山

研究者たちの火山研究はもちろん地球上の火山を対象になされてきましたし、その事情は今後も変わることはないでしょう。しかし、地球上の火山の研究を前進させるためには、地球だけにこだわらず、他の惑星の火山にも注目すべきであることは、多くの研究者が気付いていることだと思います。地球以外の惑星の火山に関する情報は表面の地形観察から始まります。地形の観察からそこに堆積している物質の種類や広がりが分かる技術が進んできています。また地球とは異なる重力や大気圧の環境下での噴火を考えなければなりません。このように地球以外の天体での火山噴火のメカニズムを考えることにより、地球上の火山の噴火現象の特性をより正確に理解することができるのです。

地球以外の天体で初めて火山噴火が確認されたのは木星の衛星の一つイオです。一九五七年一〇月、ソ連（現ロシア）が世界で初めての人工衛星スプートニク一号を打ち上げ、冷戦時代の米ソの宇宙戦争がはじまりました。アメリカは同年一二月に人工衛星を打ち上げましたが失敗し、翌一九五八年一月エクスプローラー一号の打ち上げに成功、地球を周回してバンアレン帯（地球を環状に取り囲む高エネルギーの荷電粒子の層）を発見しました。一九六〇年代、アメリカは当時のケネディ大統領の強いリーダーシップのもと、月探査のアポロ計画を実施しました。そして一九六九年七月人類は初めて月面に足跡を残しました。

その後も米ソによる金星や火星への惑星探査が続けられました。一九七七年九月五日にアメリカはパイオニアにつぐ惑星探査機としてボイジャー一号を打ち上げました。同機は一九七九年三月に、またボイジャー二号は七月に木星に接近し、表面の大赤班や四大衛星の撮影、木星の磁気圏の測定などに成功しました。その後木星の重力を利用して進路変更をしたボイジャー一号は土星に向かい、一九八〇年一一月土星系に接近、土星の輪の詳細な観測や大気を持つ衛星タイタンの観測などを行っています。ボイジャー一号に続いた二号は、土星系からさらに進路を変えて一九八六年天王星へ、さらに一九八九年には海王星に接近し、その後は太陽系の外へと姿を消しました。

そしてボイジャー一号が木星の環とともに捉えたのが木星の第一衛星のイオの火山活動でした。イオの直径は三六四〇キロと地球の四分の一程度の大きさですが、その表面では地球以外で初めての、それも太陽系内では最大レベルの火山活動が起きていることが観測されたのです。イオの表面には他の天体（隕石）が落下して形成される衝突クレーターが一つも確認されていないので、地質学的にはかなり若い天体と推定されます。その表面の地形は様々で、カルデラ、溶岩流、溶岩ドーム、盾状火山などの火山地形が確認されています。

大気の存在しないイオでは火山噴出物がドーム状をしています。爆発の力と重力がバランスをとり、このような形になると想像できます。撮影された巨大な噴煙は高さが三〇〇キロ、水平方向の直径は一〇〇〇キロに及びます。イオには水や炭酸ガスなどはすでに宇宙空間に放出され残っていないと考えられます。木星とイオ間の距離は、ほかの衛星の影響もうけ完全な円形でないので、微妙に変化し、木星の重力による潮汐の変化が火山活動を引き起こしていると推定されています。

木星の衛星の一つユーロパも地表面には衝突クレーターがほとんどなく地質年代の若い天体と推定されています。しかしその表面には多くの割れ目がみられます。その割れ目から水よりなる溶岩が噴出し、常に地表を新しくしていると考えられています。イオと同じように重力の変化に伴う潮汐によって熱エネルギーを維持し、地表面の構造運動や火成活動が維持されていると推測されています。

第4章　いろいろな噴火

火山噴火は地球内部から高温物質が噴き出す現象です。噴出する物質、噴出時の温度条件などによって、その噴火の形は異なります。同じ火山でもその時々によっていろいろな形の噴火が起こります。その噴火様式により山体の形も変わってきます。その概要を述べます。

1　火山噴火とは

火山の噴火は地下深部から上昇してきた高温のマグマにより熱せられた地下の物質が急激に地表に放出される現象です。その物質にはマグマ、溶岩、水蒸気を主体とする火山ガス、マグマの固結した火山弾、軽石、火山灰などがあります。地表面付近の岩盤という蓋を突き破って急激に噴出する状態が火山爆発です。高い圧力の地球内部に閉じ込められていた物質が、地上に噴出した結果、爆発し圧力が減じるのです。浅間山で測定された火山弾の噴出する速度は秒速一〇〇～三〇〇メートル程度です。火山ガスの噴出速度は火山弾の噴出速度よりは早く、衝撃波として体感されています。

マグマには不揮発性成分と揮発性成分が含まれています。地表に噴出して流れ出したマグマが「溶岩」です。溶岩が冷えると不揮発性成分の物質が固まり岩石になります。噴出した溶岩が広い範囲に広がった溶岩原はマグマの不揮発性成分が固結したものです。このようにマグマが直接関与した噴火をマグマ噴火と総称します。

マグマの揮発性成分は火山ガスです。硫化水素や二酸化炭素などが微量に含まれることがありますが九五パーセントは水蒸気です。またマグマが直接関与しないで、地表の水が地下にしみ込んでマグマの熱で高温に暖められ水蒸気となって、地面を突き破って噴火することもあります。このような噴火を「水蒸気爆発」と呼びます。

日常生活で火山噴火と同じような現象を家庭で見ることができます。水を入れたやかんを熱すると、沸騰してやかんの口から水蒸気が噴き出します。水の沸騰が続くと水蒸気の噴き出しも勢いを増します。やかんの口から一気に噴き出す、あるいはやかんのふたをガタガタさせながら噴き出す水蒸気がもっとも簡単な水蒸気爆発です。水蒸気爆発では水蒸気の勢いで周辺の岩石を破壊して吹き飛ばしはしますが、マグマが吹き飛ばされているわけではありません。しかし、飛ばされた岩石片にマグマ成分が含まれていますと「マグマ水蒸気爆発」と呼びます。

やかんの水でなく鍋に入れたあんこやカレーではどうなるでしょうか。水と違ってドロッとした物質では、粘性があってマグマに近い状態です。熱すると鍋の中の表面ではあちこちからブツブツと泡が噴きだします。では鍋の表面を狭くしていったらどうなるでしょうか。ここからは一つの思考実験です。

面積が狭くなる分、広い鍋の表面のあちこちで吹きだしていたのが一か所に集まりだすでしょう。鍋の底の面積は変わりませんから、同じ割合で熱せられ続くでしょうから、一回の噴き出しの力が強くなり、吹き出す量も多くなるはずです。この状態がマグマが関与している火山噴火です。

実際の火山噴火は鍋の中のあんこやカレーとは比較にならないほど複雑ですが、原理的にはほぼ同じです。火山現象のアナロジー(類似)としてみても、鍋の中のブツブツ泡が出る有様にはいろいろ気が付くことがあるはずです。自然現象の解明には観察や実験が重要であることの一例です。

実際の火山噴火は、地下深部で発生した高温のマグマが浮力や圧力によって岩盤の隙間を通って上昇してきます。このとき通路の岩盤内には地震が発生することがあるでしょう。火山性地震の発生です。上昇してきたマグマは火山体直下に集まり「マグマ溜まり」を形成します。このマグマ溜まりは火山体直下に潜在していて人間の目に触れることはありませんが、ほとんどの火山体に存在していると考えられています。

地下深部からマグマ溜まりへのマグマの上昇が続くと、質量や圧力が増大して、噴火口へと通ずる火道を通って上昇をはじめます。この過程でも地震が発生する可能性は高いです。その上昇が続き火道内の圧力が高まると、火口をふさいでいる岩盤を破壊し、岩石を噴き飛ばして噴火が発生します。

上昇してきたマグマが火口底に達し、障害物がないとサラサラと火口底に流れ込み充満していきます。これが「溶岩湖」の出現です。マグマの溶岩湖への流れ込みが続くと、溶岩湖のマグマは固結することなく溶融状態のまま存在し続けます。地形によっては火口周辺からあふれ出すこともあります。

伊豆大島の溶岩は玄武岩質溶岩で、粘性が低く流れやすいことで知られています。また火山活動が続くと溶岩湖が出現することでも知られています。噴火口縁から見ると溶岩湖の表面は黒っぽく固結して見えますが、夜間には山麓からでもボーッと赤く見え、周辺の雲にも反射して、山頂付近が明るく見えます。火映現象で伊豆大島では「御神火」と呼ばれています。

2　いろいろな噴火様式

火山体の形は噴出する溶岩が流れやすいか否か、あるいは噴火の様式がどのようなものかなど、複雑な要因で決まります。同じ火山でもその噴火様式は一つ一つの噴火が、それぞれ特徴のある噴火を繰り返しており、必ずしも同じではありません。噴火の様式の分け方として、過去の噴火活動の例に基づいて火山の固有名詞を付けた分類法があります。その噴火様式の違いはマグマの性質によるところ大です。

粘性の低い玄武岩質溶岩の噴火は「ハワイ式噴火」と呼ばれ、ハワイやアイスランドの火山でしばしば発生しています。割れ目火口から数時間、数日、数週間という長い時間連続的にマグマが噴出を続けます。高所でマグマの噴出がはじまると低所に向かって溶岩の流れが生じます。ハワイ島では海岸に達した溶岩の流れは、時には火の滝となって海に流れ込み、もうもうと水蒸気が立ち昇る、自然の大スペクタクルが見られます。壮大な噴火が近くで観察できる数少ない火山です。

粘性の低い玄武岩質、あるいは安山岩質のマグマでは、火道内にあるマグマの直径数メートル程度と推定される大きな泡が間欠的にはじけて爆発を繰り返す噴火様式が多く、「ストロンボリ式噴火」と呼びます。地中海にある火山列島のラピリ諸島の北端にあるストロンボリ島が、ドカーン、ドカーンと間欠的に同じような噴火を繰り返すことから、噴火様式にこの名前が付きました。火口の周辺には円錐形の火砕丘が形成されています。その繰り返す噴火は航海の目印になるとストロンボリ島は「地中海の灯台」と呼ばれています。日本の火山では阿蘇山がこの様式の噴火が起こることで知られています。

イタリア・ラピリ諸島にあるブルカノ島

安山岩質の火山では衝撃波を伴うような、単発的で、瞬間的な爆発によって、細粒の火砕物や岩石片を噴出するのを「ブルカノ式噴火」と呼びます。やはりラピリ諸島の南端に位置するブルカノ島が、この様式の噴火を繰り返すことからこの名前が付きました。この様式の噴火では短い時間に高速のガスと細粒な火砕物が噴出し、衝撃波や空気振動が観測されます。ブルカノ島の噴火口は直径が八〇〇メートル、火口縁の最高点でも標高が五〇〇メートルで、麓の村から一時間程度で火口縁まで登れ、さらに四〇分程度で火口縁を一周できる小さな火山体です。しかし、その爆発力は大きく、ローマ神話では火の神「ウルカン」がいると信じられ、「地中海の溶鉱炉」と称されていました。

ブルカノ火山は英語のボルカノロジー（火山学）の語源ともなっています。日本では浅間山や桜島でこの様式の噴火がしばしば起こります。

発泡した安山岩質や珪長質の灰や礫、溶岩片などを一万メートル以上、成層圏にまで噴き上げ、大量の軽石、スコリア、火山灰などが広く、厚く堆積する噴火を「プリニー式噴火」と呼びます。爆発は数十分から数時間に及び、継続的に発泡した火砕物や細粒火山灰を大量に噴出します。イタリアの古代都市ポンペイを破壊した七九年のベスビオ火山の噴火がその典型とされます。日本では富士山の宝永の噴火、浅間山の天明の噴火などが、この様式の噴火です。いずれも歴史に残る大惨事です。

大爆発や噴出した溶岩の崩壊に伴い、高温のガスや火山弾、火山岩塊など、火砕物が混じり混相流となって高速で火山体の斜面を流れ下る現象を「火砕流」と呼びます。高温のガスや灰の流れは「熱雲」とも称せられ、いずれにしても山麓の景観を大きく変えてしまいます。噴出物が堆積し、大きな火山災害が引き起こされます。

火砕流の発生とともに「火砕サージ」が発生することもあります。高温の気体の流れですが、火山灰や多くの噴出物を含みます。さらに水蒸気爆発や岩屑なだれなどが混じると破壊力は増大します。世界的な例として有名なのは一九〇二年、西インド諸島マルチニーク島のモンプレー火山の噴火です。山頂から山麓へ熱雲が毎秒二〇メートルの高速で流れ下り、六〜七キロ離れたサン・ピエール市の市街と港に停泊中の船舶を焼き払い、二万八〇〇〇名が亡くなりました。助かったのは地下牢獄にいた二名の囚人だけだったそうです。このような大規模な火砕流が発生した噴火を「プレー式噴火」と呼びます。

このプレー式噴火やプリニー式噴火をはるかに超える大噴火を「カルデラ噴火」あるいは「ウルトラプリニー式噴火」と呼びます。大噴火によって巨大なカルデラが形成される噴火で、日本列島では北海道の屈斜路カルデラ、支笏カルデラ、九州の姶良カルデラ、阿蘇カルデラなどが、この形の噴火で形成されました。最近の噴火としてはおよそ七三〇〇年前の九州南方の薩南諸島の鬼界カルデラ生成の噴火が「カルデラ噴火」と考えられています。形成された鬼界カルデラの北壁に頭を出しているのが薩摩硫黄島や竹島です。

大規模な割れ目から短い期間に大量の溶岩が流出して広大な玄武岩台地を形成するのが「玄武岩質洪水噴火」です。インドのデカン高原のほか、アメリカのコロンビア川台地、アイスランドのラカギガルなどがその例です。少なくとも二〇世紀以後、日本ではこの種の噴火は発生していません。

一つの火山が必ず同じ噴火様式を繰り返すとは限りません。ストロンボリ島もブルカノ式噴火を起こしたことがあります。浅間山もブルカノ式、プリニー式、ストロンボリ式など、いろいろな様式の噴火を繰り返してきました。それは噴火様式がその時の地下のマグマの物理状態によって、いろいろな形になるからと考えられています。そしてその噴火のたびごとに、それぞれの火山は少しずつその姿を変えていくのです。

1888年の水蒸気爆発で山体が崩壊した磐梯山

3　山の形を変えた磐梯山——水蒸気爆発の怖さ

磐梯山（一八一九メートル）は「会津磐梯山」と親しまれ、「会津富士」とも別称され、福島県南部に位置する美しい成層火山です。二万五〇〇〇年前以降はマグマの噴出する噴火は認められず、水蒸気爆発だけが起きています。記録に残る最初の噴火は八〇六年で、古文書には「猪苗代の湖水成立し……」とあり、猪苗代湖が現在の姿となった噴火だったと理解できます。猪苗代湖は磐梯山の南に広がる断層に起因する湖で、窪地が火山噴火で起こった土石流でふさがれ、日本で四番目の広さの湖水が出現したと推定されます。

この猪苗代湖が出現した噴火から一〇〇〇年以上が経過した一八八八年七月、磐梯山周辺で小さな地震が起こりだしていました。一五日は天気は快晴で山には雲もかかっていませんでしたが、午前七時ごろから山のほうでゴウゴウと鳴動が始まり、強い地震が続発していました。七時四五分ごろ大音響とともに小磐梯付近で噴火が発生し、一条の黒煙が昇り、引き続きドンドンと短い時間に十数回の爆発が続いて山体が崩壊しました。小さな爆発は三〇～四〇分の間に無数に発生し、激しい鳴動が続きました。噴煙は最初こそ一五〇〇メートル程度でしたが、キノコ型に広がり数千メートルの高さまで昇り、火山灰を含んだ高温の雨が山麓に降下しました。この爆発音は五〇～一〇〇キロ離れた地域、新潟の佐渡や高田でも聞こえ、降灰は七〇キロ離れた太平洋岸にまで達しています。

爆発で発生した風は、灰や礫を含んだ凶暴な疾風となって、周辺を襲い、山腹の森林では二抱え、三抱えもある松の大木が倒壊し、多くの人家が吹き飛ばされました。

この噴火での最大の出来事は山体崩壊で土砂や岩石が山麓に向かい大泥流となって流れだしたことです。小磐梯では山体の北半分が崩壊し、山頂は一六五メートルほど低くなりました。噴火口は北方に開いて東西二・二キロ、南北二キロのU字型、馬蹄形に開いた崩壊カルデラが生じ、山の姿が変わってしまいました。崩壊した山体は大規模な岩屑なだれとなって北方山麓へと流れ下り、五村十一集落を埋没させました。犠牲者は四六〇名以上、家屋、山林、耕地はほぼ全滅する大惨事となりました。

岩屑なだれは河川を堰き止め、各河川の上流側の水位は上昇し、湖沼が出現し、数年後には現在の檜原湖、小松川湖、秋元湖などが誕生しました。美しい水の色で知られる五色沼は堆積した泥流の上に出現した湖水です。現在、この地域は「裏磐梯」と呼ばれ、福島県の有名な観光地になっていますが、その景勝地の下には尊い犠牲が今も眠っているのです。

この時の磐梯山の噴火は地下からマグマが上昇してきて噴火するのではなく、火山体内部で熱せられた水や火山ガスが一気に噴出する「水蒸気爆発」と呼ばれるものでした。この時の磐梯山の噴火もそうでしたが、水蒸気爆発はしばしば強大な爆発をするため山の形が変わるような山体崩壊を起こします。爆発力の大きな水蒸気爆発は「ウルトラブルカノ式」とも呼ばれます。

アメリカ西海岸に面したワシントン州のセントヘレンズ（二五四九メートル）は一九八〇年に大爆発を起こしましたが、山体崩壊で山頂が姿を消しました。爆風が通過した一つの谷の森林の木々がすべてなぎ倒されるという現象も起きましたが、この時の噴火もウルトラブルカノ式、時にはプリニー式と考えられています。その後、山頂には溶岩ドームが出現、二一世紀に入って火山活動は終息しているようです。

4　火山噴火で消えた古代都市ポンペイ

イタリア中部、ナポリ湾に面した古城の背後（東側）に横たわるベスビオ火山（一二二三メートル）はいわゆる女性的な山で、円錐形の山体の山腹から山麓にかけてはなだらかなスロープを描き、周辺にはブドウ畑が広がっています。噴煙も見えず、とてもあの恐ろしい噴火をした山とは思えません。

西暦七九年、ベスビオは突然大噴火を起こしましたが、それまでは火山活動を全く停止していたようです。

山麓の火山灰の台地には植物が繁茂し、野ぶどうの豊富な土地でした。ベスビオの南東一〇キロの地にあるポンペイもナポリ湾に面した火山灰地の上に発達した風光明媚で豊かな都市でした。ローマ帝国の建築物ほどの豪華絢爛さはありませんでしたが、ギリシャ時代の伝統を受け継いだ立派な建築物が並ぶポンペイは、西暦六三年二月五日、突然激しい揺れに襲われました。

79年、背後のベスビオ火山の噴火で埋没したイタリアの古代都市・ポンペイ

イタリアにおけるギリシャ美術発祥の地とされるポンペイの街は、この地震によって大きな被害を受けました。大きな破壊にもめげずポンペイ市民は街の再建に立ち上がりました。一六年の歳月をかけ、その再建がほぼ完成しかけていた時に、ベスビオの大噴火が発生しました。繁栄していた都市は火山灰と火山礫の洪水の下に跡形もなく完全に埋没してしまったのです。

七九年八月二四日、長い沈黙を破ってベスビオは突然大火山活動を開始しました。古い火口丘の山体の一部は爆発で破壊され、カルデラを形成しました。このカルデラは半円形の火口原となり、アトリオと呼ばれ、残った山体の北側の部分は、火山体の北端を縁どる山稜となり、ソンマと呼ばれています。アトリオやソンマはベスビオ火山の山体の固有名詞でしたが、現在ではそれぞれ「火口原」「外輪山」と火山学の学術用語になっています。アトリオの南側には破壊された岩石の破片、新たに噴出した溶岩や火山灰などにより、新しく火口丘が形成されました。これが現在のベスビオの山頂です。

パラソル型に開いた噴煙、火山灰や火山礫など多量の噴出物の降下、噴火に伴って発生した地震による家屋の振動や破壊など、噴火の凄まじさが伝えられています。噴火により放出された火山噴出物は山体の周辺に堆積し、ポンペイやヘルクラヌム(現在のエルコラ)などの諸都市の建物も人も完全に埋めてしまい、地表からその姿をすべて葬り去りました。少なくとも二万人以上の市民が都市とともに灰の中で、その生命を失ったと推定されています。

地下に埋没した都市の上では、その後、ブドウなどの栽培がおこなわれていました。一八世紀になりぶどう畑で働いていた農夫が、地下に何かがあることに気づき、その後の調査でその存在が発見されました。イタリア政府により本格的な発掘や調査が開始され、古代都市の全貌が明らかになってきました。その調査、研究は二一世紀の今日も続けられています。

この大噴火の後、ベスビオは一五〇〇年間も静穏でしたが、一六三一年にその活動を再開しました。同年の噴火では溶岩が流出し、一万八〇〇〇人の犠牲者が出ています。その後、一七九四年、一八七二年にもそれぞれ多量の溶岩が流出した噴火活動がありました。一九〇〇年代に入ってもその活動は衰えず、時々大きな噴火を起こし、ヨーロッパではもっとも活動的な火山の一つです。

ポンペイの発掘状況は年々変わるので、見学できる範囲も、年ごとに広くなっているようです。しかし、遺跡を訪れたほとんどの人がまず訪れるのが展示室で、人々はここで遺跡の概要を知ることができます。発掘した品々やパノラマ模型などが展示されており、人々は一九〇〇年前のポンペイの姿を少しずつ理解していきます。

展示品の中でもっとも衝撃を与えるのは、高温の火山灰から身を守ろうとしながら、そのままの姿勢で息絶えた人々と、灰の中でもがき苦しみながら死んでいった犬の遺体の展示でしょう。これらの遺体は堆積した火山噴出物の中にできた人型や動物の型の空洞に石膏を流し込み型どられたものです。母親らしき人が子供を守るようにして息絶えたものがあるし、おそらく灼熱の火山灰から身を守ろうと逃げまどい倒れた後、腕で顔を覆い熱さをさえぎろうとしながら、そのまま息が切れたのであろう丸坊主の頭、体のあちこちにくっついた衣服の跡など、私はなんとなく広島の原爆記念館の展示品を思い浮かべました。体に降り注ぐ火山灰はまさに死の灰であっただろう、せめてその人があまり苦しむことなく亡くなられたことを祈るのみでした。

比較的静かなポンペイ市民の姿に対し、犬のそれはあまりにも苦しそうでした。絡み合った四肢、開いた口は猛吹雪のごとく降ってくる灼熱の火山灰の中を、熱さと息苦しさに耐えかねて、文字通りのたうち回り苦しみぬいて死んでいった様子が伝わってきます。こんな状態で二万人以上の人が短い時間の間に命を落としていったのかと思うと、火山噴火の恐ろしさに改めて背筋が寒くなります。

二一世紀に入り石膏の人型の中には骨が残っていることに気が付かれ、改めてＤＮＡの調査をはじめたと聞きました。子供のそばにいた人たちの親子関係や、家族かどうかなど、当時の姿が解明されていくでしょう。

ポンペイの建物はレンガや大理石の石造りです。現在ではすべての建物に屋根はなく、またほとんどの建物は上側半分こそはありませんが、下の部分は当時の姿のままの状態で発掘され保存されています。葡萄酒をつくるのに使っていたというカマドやカメも、当時の置かれた状態のままで保存されています。部屋の隅にさりげなく置かれているカメは、下の部分が灰に埋まっていなければ、つい昨日まで使われていたのではないかと錯覚するほど、人間の匂いを感じさせ、一九〇〇年の歳月を忘れさせてくれました。

壁一面に描かれた絵、床に敷き詰められたモザイク模様のタイル、食堂の椅子やテーブル、庭園の中に置かれた彫刻、噴水や池など、不燃物はすべてそのままの状態で残っており、往時のレベルの高い生活様式が忍ばれます。

七九年といえば日本では弥生時代、人々は佐賀の吉野ケ里遺跡にみられるような竪穴住居に住み農耕生活を営んでいました。文字はもちろん、当時の絵すら残されていない時代で、女王卑弥呼はさらに二〇〇～三〇〇年後の話になります。その時代にこのような都市を築きあげたポンペイ市民、ギリシャ、ローマ時代の高い文化水準を改めて痛感させられます。

　訪れた人々は一九〇〇年前、多くの人々が火山灰の中を逃げ惑ったであろう道を歩きながら、遺跡を見物することになります。主要道路は石畳で舗装され、歩道は一段高く、車道とは明瞭に区別されています。車道には轍の跡が二本かなり深く刻み込まれて、ところどころに飛び石状の横断歩道が設けられています。飛び石なのは車が通る部分を開けたからです。二一世紀の今日の日本では、歩行者無視の出来事がたびたび報じられますが、ポンペイでは二〇〇〇年前すでに歩行者優先の思想で道路が建設されていたのです。

　ポンペイが栄えていた時、この車道をどんな車が行き来していたのでしょうか。馬車や荷車もあったでしょう。奴隷の引く車もあったかもしれません。数センチにくぼんだ轍はいったい何台の車によってできたのか。何千台か、何万台なのでしょうか、いやもっと多くなければ硬い石があんなに深く削られることはないのではないかと思います。

　さらに歩道の端には所々に、蛇口にライオンの頭部の彫刻のある水道が設備されています。人間のみ使用したのか、車道を通った牛馬も使用したのか分かりませんが、こんなところにもポンペイ市民の文化水準の高さが示されています。

　ベスビオを背景に人影のない道を歩いていると、家の中からポンペイ市民が姿を現しそうな錯覚にとらわれます。それだけ当時の状態が保存され、雰囲気が残っているのです。

　ベスビオは平時には静かにポンペイを見下ろしています。高低二つのピーク、高いほうは頂上で、火口を隔てて右側（東側）の低いピークがソンマです。日本では駒ケ岳と呼ばれる型の火山です。噴煙も見えず静かにたたずむベスビオを眺めていると、こんな静かな山がポンペイの街を埋め尽くした噴火を本当に起こしたのかと疑いたくなります。

ベスビオ火山には世界最初の火山観測所が設置され、興味深い研究成果が報告されています。また「フニクリ、フニクラ」の歌で日本人にも知られた登山電車がありましたが、二〇世紀中に撤去され、現在は自動車道路が山頂付近まで通じています。

5　桜島が噴出する大きな熱エネルギー

九州の南端、鹿児島湾の中央に位置する桜島は、ナポリ湾に面するベスビオと対比され、「東洋のナポリ」と呼ばれることがあるようです。しかし「桜島は桜島」で、噴火で島が陸続きになった島として立派に世界に通用しているのですから、余計な呼び方はしないほうが良いと常々考えています。桜島はベスビオ以上に有史以来だけでも活発な火山活動が繰り返されています。記録に残る最初の噴火は七〇八年ですが、八六四年には「天平溶岩」の噴出が記録されています。一四六八〜七八年、その噴火年代をとって「文明溶岩」と呼ばれている溶岩を流出させた大噴火を起こしています。一七七九〜八一年にも同じく「安永溶岩」の噴出を伴う大噴火が記録されています。

安永溶岩の噴出後、一三〇年間の静穏期を経て、一九一四年「大正溶岩」を流出した大噴火が発生しました。一九一四年一月八日、前年の一一月から噴火を繰り返していた霧島山系の高千穂峰・御鉢が三度目の大きな爆発をしました。高千穂峰から南五〇キロに位置する桜島では、一月一〇日の夜から地震を感じはじめました。地震は頻発し、翌一一日午前九時ごろには島内の道路に亀裂が出て破損が確認できるほどの被害が出はじめました。

また対岸の鹿児島市では一一日午前三時四一分に最初の有感地震を記録しました。桜島の中心からおよそ一〇キロ離れている鹿児島測候所（当時）には、一八八八年（明治二一年）にミルン式地震計が設置され、桜島周辺で発生する地震を対象に地震観測が行われていました。日本で初めての火山体周辺での地震観測です。その地震計で観測される地震数は、一一日の午後から一二日の午前にかけて、徐々に増加していきました。

地震が増えた一二日朝になると、島の南側の有村地区の海岸で水柱が一メートルにもなった温泉が噴出し、井戸水の水面が一メートルも上昇していることが認められました。また午前八時三〇分ごろには島の北側の西道集落の海岸でも水の噴出が確認されています。

桜島南岳の山頂付近では午前八時ごろから白煙が出はじめ、一〇時ごろには西側山腹の標高五〇〇メートル付近から噴火がはじまりました。その一〇分後には東側山腹の鍋山東斜面からも噴火がはじまったのです。一一時ごろには噴煙の高さは三〇〇〇ートルに達し、一一時三〇分ごろからは噴火口付近から溶岩の流出がはじまったのです。一四時三〇分から一五時三〇分ごろに

1914年の噴火で桜島の東側に流れ出た「大正溶岩」

は噴火活動が激しく、島全体が噴煙で覆われました。上昇する黒煙の中には雷光が走り火山雷が発生し、爆発音も激しさを増しました。

同日一八時三〇分、M6・1の地震が発生しました。この地震は火山活動に伴って発生した地震としては大きく、有感半径は二〇〇キロで、ほとんど九州全域で地震を感じています。この地震によって小さな津波が発生し、鹿児島市内では震災と津波の被害が生じました。鹿児島測候所の地震計は地震によって破損し、その後の地震数は不明ですが有感地震の回数は急激に減じました。

地震後噴火はますます激しくなり、島全体が鳴動し、二三時から翌日午前五時ごろまでは溶岩の流出の最盛期で、所によっては竜巻も発生していました。一三日一〇時ごろから噴火活動は衰えはじめました。それでも一五日に東京から観測・調査に駆け付けた大森房吉は、同日夜の鹿児島市から眺めた桜島の光景を、噴火が花火のように見えてとても美しかったと書き残しています。

溶岩は東側で八か所、西側で七か所の火口から流れ出ました。東側の溶岩流は一六日には海岸に達し、付近の海面には水蒸気がもうもうと立ち込め、二三日の温度測定では、海水温度は四九度を記録しました。風呂水よりはるかに高温だったのです。桜島と大隅半島の間に横たわっていた瀬戸海峡は長さ六〇〇メートル、幅四〇〇メートル、水深が六〇〜七〇メートルでしたが、二四日には幅が二〇メートルに狭まり、二九日には桜島は完全に大隅半島につながりました。
西側からの溶岩流はやはり一六日の朝には海岸から五〇〇メートルの地点に達しました。斜面を流れ下ったこともあり、平均時速は四五メートルで、かなりの速さでした。溶岩流は一八日正午には海岸から六〇〇メートル沖合にあった烏島に押し寄せました。このころは時速二一メートルほどで流れたことになります。二〇日には烏島は完全に溶岩流に飲み込まれ、その存在も分からなくなりました。

1914年の桜島の噴火で埋没した東側の黒神集落の鳥居。

島の東側の黒神集落は溶岩流の襲来からは回避できましたが、多量の降灰によって集落すべてが埋没し、全滅してしまいました。現在は鹿児島市の一部になっている黒神集落はこの時の火山灰の上に改めて建設されたのです。そこを訪れると道路わきに神社の鳥居が、その上の部分だけを地上に現して保存されています。しかも鳥居から奥の小さな社殿に続く小道の両側は土手のようになっています。これは降灰によって完全に埋没してしまった鳥居を、噴火が終わった後、集落の人々が掘り起こしはじめたのです。この時、当時の村長が噴火の状況を後世に伝えるためにと発掘を中止させ、そのままの状態で今日まで保存されているのです。周辺の状況からこの地域での降灰の厚さは三〜四メートルと推定されます。

この付近には鳥居のほかにも、石造りの門柱の頭の部分だけがほんの少し地表に現れたりして黒神集落の往時をしのばせてくれるとともに、降灰の多量さを教えてくれます。この降灰に埋もれた黒神集落の当時の建物は地下でどうなっているのでしょうか。木造建築ですからポンペイのようには残っていないかもしれませんが、地下での保存状態が気になります。

この噴火で流出した溶岩はおよそ二四平方キロの面積を覆い、その体積は一・六立方キロと推定されています。一キロ四方の面積の上にこの溶岩を積み上げると、一六〇〇メートルの高さになります。同じようにその降下物の体積は〇・六立方キロと推定されており、その量も一キロ四方の面積の上に積み上げれば六〇〇メートルの高さになります。

大正溶岩の流出を伴った桜島の噴火は大噴火には違いありませんが、ではその噴火と一八八八年の磐梯山の噴火と比較するとどちらがより大きな噴火なのかは簡単には答えられません。地震の場合にはマグニチュードというスケールでその大きさが決められていますが、噴火の大きさを決めるスケールは確立されていません。これは地震が地殻の破壊という機械的、運動的な要素だけの現象であるのに対し、噴火現象は地震現象の機械的、運動的要素に加え高温物質の移動という熱的要素の変動を含み、現象そのものが地震現象よりもはるかに複雑だからです。また地震現象は一つ一つの地震がほぼ明瞭に区別できるのに対し、噴火現象では個々の爆発だけを取り出してもあまり意味はなく、噴火活動のはじめから終わりまでに起こった一連の現象全体を含めて噴火活動の大きさを定めねばなりません。観測網が充実した火山でも、これら一連の機械的、運動的、熱的現象を確実にとらえることは困難で、それも火山噴火のスケール、噴火の大きさを知る物指しがつくりにくい原因になっています。

噴火の種類によっても異なるので、すべての噴火にあてはまる便利な方法や数式はありませんが、個々の噴火の爆発の圧力からその噴火の大きさを表したり、噴出物の総量から噴火の大きさを定めたりする研究はなされています。そして現在はいろいろな方法で噴火に伴って放出されたエネルギーを求め、噴火の大小を決めようとする方法が一般的です。

桜島の大正溶岩の噴火では大量の溶岩の流出、火山灰の噴出から、高温物質が持っている「熱エネルギー」、大量の物質を地下から押し上げ、地表に放出する「位置エネルギー」や「運動エネルギー」、さらにM6・1の地震を起こした「破壊のエネルギー」などが考えられます。この時の噴火で放出された熱エネルギーは、すべてのエネルギーの中で一桁以上大きな値でした。M6・1の地震のエネルギーは熱エネルギーの一〇万分の一以下です。

同じことは詳しく調査・研究された伊豆大島三原山や昭和新山生成の噴火でも云えます。ともに熱エネルギーが噴出物の運動エネルギーや火山性地震のエネルギーに比べて一桁以上大きいのです。火山噴火では、特に溶岩流出を伴うような噴火では大量の熱が地球内部から地上へと放出されているのです。

6　火山の恵み

イタリアのベスビオ火山の噴火は古代都市ポンペイを破壊し、ポンペイを守ったと云えるでしょう。本書で「もし」という言葉を使っても、すべての事柄は想像の域を出ませんが、「もしベスビオの火山噴火でポンペイが破壊されなかったら」少なくとも今日では二〇〇〇年前のイタリアの生活様式をこのようなリアルな形で見ることはできなかったでしょう。ローマ市内にも至る所に古代ローマの遺跡が残っていて、それぞれが私たちに往時をしのばせてくれています。その一つ一つの遺跡はそれぞれ貴重な遺跡で価値があります。しかし、古い市街地全体がそのまま残り、そこには市民の生活の匂いまで感じさせるポンペイの迫力はほかの遺跡の追従を許しません。

人類の英知をもってしても二〇〇〇年前の都市をそのまま保存することが困難なことは、現在残されている世界中の古代遺跡の実状が如実に物語っています。ベスビオの火山噴火は確かに、ポンペイという古代都市を一度は地上から葬り去りましたが、その姿を今日に伝える働きもしているのです。このような巨大な仕事は自然だからできたのでしょうし、また自然の巨大なエネルギーでなければ不可能であったと考えられます。

利根川の右岸、群馬県渋川付近の河岸段丘にある黒井峯遺跡から甲冑をまとった武士の遺体が発見されています。六世紀の榛名山の噴火で亡くなった当時の武将と推定されていますが、やはり火山噴火が一四〇〇年前の武士の姿を保存してくれたのです。

自然災害の中で火山噴火の災害は悲惨な例が多いです。台風にも地震にも伴わない膨大な熱がその原因にあるからでしょう。極端な例では灼熱の火山弾の直撃を受けた登山者が、首から上がなくなって発見された話があります。

小規模な噴火では火山体周辺だけの災害で済みますが、大規模な噴火になるとその影響は地球上全体に及びます。インドネシアのタンポラ火山の一八一五年の噴火は、噴火の規模も、その災害の大きさも史上最大と云われていますが、この時の死者は餓死者も含めて九万二〇〇〇人に達しました。同じインドネシアのクラカトア火山の一八八三年八月の大噴火では、死者が三万六〇〇〇人、噴出した火山灰や軽石は地上八〇キロメートルの高さにまで達し、三年間にわたって地球全体を包み込みました。このため地球上への太陽の日射量が減り、全地球的に気候が不順になり凶作をもたらしました。

火山噴火にはこのような暗く恐ろしい面がある反面、美しい自然の創造という明るい面も有しています。火山列島の日本はその噴火により多くの災害に見舞われましたが、同時にはかり知れない恩恵も受けているのです。

北アルプスの中枢をなす上高地は火山が創出した一大風景です。近年は長野県松本から上高地までの道路もずいぶん整備され、二時間もかからずに行くことができるようになりました。このため登山者の聖地だった上高地は今では老若男女誰もが訪れることのできる山岳リゾートになってしまいました。誰でも訪れることができるのは悪いことではありませんが、あまりにも俗化してしまい、大きなリュックサックを背負い、重い登山靴で歩く登山者の横をハイヒールの女性が歩いている姿を見ると、違和感を覚えます。やはり場所柄というものが暗黙の裡に存在しているからでしょう。

火山の創り出した自然美・上高地

上高地入口で難関だった片側通行の釜トンネルも、新しいトンネルが掘削され、待つことなく通行できるようになりました。トンネルを抜けると眼前に焼岳が現れます。道路は梓川に沿って右に曲がると、そこには大正池が広がり、それを前景に穂高の麗姿が目に飛び込んできます。世界の山岳風景としてはスケールが小さく箱庭的かもしれませんが、この風景は世界の山岳風景の中でも十指に入る風景だと思います。この上高地も大正池もすべて火山・焼岳の出現・噴火によって創造されたのです。

上高地は槍ヶ岳から流れ出た槍沢が、梓川となって南から西へと流れだし、岐阜県から高原川、富山県に入って神通川となって日本海に注いでいました。そこへ焼岳火山群が出現し梓川の流れを堰き止めたのです。堰き止められた梓川は流れ出す口がなくなり、V字谷に大きな堰止湖が出現しました。約一万年から一万五〇〇〇年前の出来事です。この堰止湖を研究者たちは古上高地湖と呼んでいます。湖底の標高が一五〇〇メートルほどに土砂が堆積したころ、現在の梓川の流れになる口が開かれ、梓川は東に向かって流れるようになったのです。湖水は消滅しましたが、その湖底の平坦な地形は残り、V字谷は約三〇〇メートル埋まり、長さが一〇キロ、幅一～二キロの平坦な地形が出現し、今日の上高地の姿になったのです（一口メモ（5）参照）。

上高地ばかりではありません。日本の国立公園のほとんどは火山が関係しています。日光の華厳の滝をはじめ多くの有名な滝も火山によって創造されたものです。瀬戸内海国立公園は海の公園ですが、香川県にある源平古戦場の屋島は三〇〇〇～二〇〇〇万年前にできた火山です。中緯度に位置するこの日本列島は火山噴火、地震、台風など大きな自然災害にたびたび襲われていますす。しかし一方では変化に富んだ自然が四季折々に美しい風景を創り出しています。その美しい風景は火山の創造によるところが多いのです。長い間に培われたこの自然を愛する気持ちは、和歌や俳句にも読まれ、日本人の心に潤いを与えてくれているのです。

美しい風景という効用は人間の主観によるところが大きいかもしれませんが、火山のより実利的な効用といえば温泉です。近年の温泉ブームは地下一〇〇〇メートル、二〇〇〇メートルの深さから水をくみ上げる、火山とは無関係の温泉もありますが、火山起源の温泉は、温泉と美しい風景をセットで楽しむ効用があり、人気は衰えません。

温泉は観光的な効用のほかに医学的な効用があることもすでに知られており、温泉療法も定着しています。人類に対する火山の効用は温泉以外にも多いですが、特にこれから注目されるのが、地熱の利用でしょう。

日本でも大分県の別府温泉や鹿児島県の鰻池付近の人々、日本以外では例えばニュージーランドのロトルアのマウイ族の人たちは温泉を利用して炊事をしています。この地熱の大規模な利用が地熱発電です。地中から高温、高圧の水蒸気を湧出させ、その熱を利用してタービンを回して発電を行います。クリーンエネルギーの一つとして、その重要性は認められ、すでに岩手県の松川、大分県の大岳など数か所で実用化されています。

火山は地球の限られた地域にのみ分布しています。火山のある地域の地質構造は年代が新しい地層が多く、地下資源は乏しいです。日本、イタリア、ニュージーランドがその典型でしょう。しかしそのような国々には地熱という大きなエネルギー資源が潜在しているのです。天地創造の神はやはりバランスよく作っているのだなと思えてなりません。

第5章　火山を調べる

一つ一つの火山がどのような活動、振る舞いをするかを知ることは、そこに住む人間にとっては、特に重要です。そのためには噴火の時だけではなく、普段からその火山を調査し、観察することです。医者が私たちに聴診器を当てて、身体の様子を調べるように、地震計、重力計、傾斜計など、いろいろな観測機器を火山体周辺に設置して、毎日観測を続けているのです。火山学の黎明期からはじまった火山の諸観測の歴史と現状について概観します。

1　浅間山に科学の目——火山観測所

火山体の地質や噴出した溶岩の性質などを調べて火山を研究する学問分野を火山地質学、噴出物や火山ガスなどを化学的に分析して火山活動を調べる分野を火山化学と呼びます。火山噴火に伴って発生する爆発力、地震、山の変形などを観測機器を使って調べ、研究する分野が火山物理学です。日本の近代化が進み、大学教育もはじまりましたが、一八八八年（明治二一年）の磐梯山の噴火では、現地調査をしたのは地質や地形の専門家だけだったようです。

火山噴火に対して火山物理学の手法で最初に挑戦したのは「地震学をつくった男」大森房吉でした。一九一〇年（明治四三年）の明治新山が出現した有珠山の噴火に際し、地元に地震計を設置して観測を実施、測量をして新山の隆起量を求めたりしました。火山噴火の調査に際し、機器を設置して観測する火山物理学が取り入れられたのはこの時が最初でした。

長野県と群馬県の県境に位置する浅間山の火山活動は明治時代の後半からかなり活発になり、噴火から住民を守るための火山防災が切実な問題となりました。住民保護の立場から長野県と群馬県は震災予防調査会に調査を依頼しました。

有珠山の観測で噴火と地震の関係を知った大森は、震災予防調査会の幹事でもありこの要請を受け、浅間山火口西二・三キロ、標高一九四七メートルの湯の平に観測小屋をつくり地震計を設置し、一九一一年八月二六日より観測を開始しました。震災予防調査会と長野測候所が共同ではじめたこの観測により、日本でも火山における科学的観測が初めてはじまったのです。日本初の火山観測所です。この観測は一九二四年（大正一三年）一〇月三一日まで続けられたのち、観測業務は軽井沢測候所に移管されました。

その後、浅間山の噴火による災害軽減を目指す地元の強い要望で建物が作られ、一九三三年（昭和八年）東京帝国大学に寄付されました。以来今日まで東京大学付置地震研究所の付属施設として浅間火山観測所となり、浅間火山研究の場として歩みはじめました。その後、地震観測をは

1933年浅間火山観測所の開所に際し訪れた東京帝国大学地震研究所の教官たち。後年の教授・名誉教授の顔が並ぶ。中央に立つのは寺田寅彦。

21世紀初めごろの浅間火山観測所。前面の白い建物は創立当初のもの。背後はその後増設された部分。浅間山山頂に向けてカメラが設置されている。

じめ、数々の先駆的な地球物理学的な観測を行い、多くの業績を残し現在に至っています。
設立当時は電気もなかった観測所に電灯が付くようになったのは、第二次世界大戦が終了した一九五〇年代になってからです。その結果、すべての観測が連続的にできるようになり、地震活動もより正確に観測できるようになりました。

2　観測機器が設置されている火山

震災予防調査会によって浅間山の湯の平に設立された、日本初の火山観測所が一九二四年に軽井沢測候所に移管されたのを契機として、一九三一年には火山観測を主目的として気象観測も実施する阿蘇山測候所が設立されました。さらに一九三八年には伊豆大島の御神火茶屋の上に大島測候所が作られました。その後一〇年間に北海道駒ケ岳、有珠山、樽前山、桜島、那須山、伊豆鳥島、雲仙岳などの火山に次々に測候所が設立され、気象観測とともに火山観測が実施されるようになりました。ただ鳥島測候所は一九六五年には廃止されました。伊豆鳥島には住民がおらず、火山噴火が発生しても実害がほとんどないためです。

一九五五年一〇月一三日に桜島の南岳山頂からの噴火が発生したのを契機に、気象庁の火山業務に関する第一次整備計画が一九六二年にスタートしました。また一九七四年からは日本の火山研究と噴火予知研究を推進するために建議された第一次火山噴火予知計画に基づき、火山観測所の整備、新設が進められました。それにより新しく、十勝岳、吾妻山、安達太良山、磐梯山、草津白根山、三宅島、霧島山にも地震計が設置されました。この中では安達太良山、磐梯山、吾妻山、北海道駒ケ岳などでは、地震計は山体内の何か所かに設置されていますが、地震波信号は無線によって近傍の測候所や地方気象台に送られています。気象庁にはさらに火山機動観測班があって、定常的な観測がなされていない火山の観測を適宜実施しています。

気象庁の火山観測が火山災害をできるだけ少なくするためになされているのに対し、大学の火山観測所の目的は、火山活動や噴火活動のメカニズムの解明、科学的な火山現象の解明です。一九二八年に京都大学理学部が阿蘇火山研究施設を開設し、阿蘇山の火山活動の本格的解明がはじまりました。一九三三年には前節で述べたように、浅間火山観測所が東京大学地震研究所によって設置されました。一九六〇年には京都大学防災研究所が桜島火山観測所を設置、一九六四年には東京大学地震研究所が霧島火山観測所を開設しました。

一九七七年には北海道大学理学部により有珠火山観測所が新設され、さらに一九八四年には東京大学地震研究所の伊豆大島火山観測所と九州大学理学部の島原地震火山観測所が、それぞれ既存の施設を改組拡充する形で発足しました。このように第二次世界大戦をはさんだ五〇年間に四大学により、七火山観測所が設置され、火山現象解明の基礎的な研究を自由にできる環境が整いました。各火山観測所は、それぞれの火山活動に適した観測を実施し、特色のある研究成果を上げています。

特に雲仙岳では一九九〇年に一九八年ぶりに噴火を開始し、その活動は一九九六年まで続きました。この噴火では火砕流が発生し四四名が犠牲・行方不明者が出る大災害になりましたが、観測所はそのはじまりから終息まで十分な観測データが得ることができました。また有珠山の二〇〇〇年の噴火でも、噴火前に全住民を避難させるなど、大きな成果を上げています。

大学では東北大学理学部が、東北地方のいくつかの火山に地震計を設置して仙台市内の大学にデータを集中させ記録し、火山活動を監視しています。名古屋大学も近くの御嶽山に注意を払っています。

東京工業大学には火山流体センターがあり、その観測施設として草津白根火山観測所が併設されています。第三次火山噴火予知研究計画で一九八五年に開設され、職員数名が常駐し、草津白根山周辺には地震計やＧＰＳの観測網が整備されるとともに化学的な観測も重点的に行われています。

神奈川県の箱根山はときどき群発地震が発生し、住民を不安にさせています。一九五九年九月に群発地震が発生したとき、神奈川県はこの地震の調査を地震研究所に依頼して、その活動の推移が解明されました。この地震を契機に、神奈川県は当時すでに存在した温泉の化学的な調査をする施設を拡充して温泉地学研究所を創設し、箱根山の火山活動も監視するようになりました。地方自治体の有するただ一つの火山観測所ですが、箱根火山の活動を常時監視しており、その活動の推移も解明されており、地元住民には大きな安心感を与えています。

浅間山や阿蘇山のように歴史ある火山観測所ばかりでなく、雲仙岳や伊豆大島など、既設の気象庁の測候所で火山観測を実施している火山に大学の火山観測所が設置されています。気象庁の観測網の目的は火山活動を常時監視し、定期的に火山情報を発表し、さらに火山活動に異常が現れたら臨時火山情報や火山活動に関する諸情報や警報を出すことです。これに対し大学の観測所は火山活動全般についてのモニタリングや独創的な発想のもとで、火山現象の解明や噴火予知を可能にする研究を行うことを目的にしています。そのためには試験的な、あるいは実験的研究など、いろいろな観測、研究が行われています。これらの観測や研究はたとえ期待通りの成果が出ないことがあっても許されると考えています。研究には失敗はつきものです。もちろん大学の観測網で火山活動に異常が認められれば、気象庁と連絡を取り、必要な情報、資料は共有されるようになっています。

3　有珠山の噴火前避難成功——噴火の前兆をとらえる

第一次噴火予知計画に基づき火山研究と噴火予知研究推進の目的から、一九七七年四月に北海道大学理学部有珠火山観測所が発足して、有珠山は年間を通じて科学の目で監視する体制が整いました。その直後の一九七七年八月六日の早朝から、有珠山周辺で地震が起こりはじめました。そして翌七日の朝、山頂の火口原で噴火が発生しはじめました。一時間後には噴煙の高さは一万二〇〇〇メートルに達し、火山灰は風に乗って、東方域へと拡散してゆきました。この噴火活動は二時間半ほどで休止しましたが、その後も大小の噴火が一四日まで断続的に続きました。この段階が噴火活動の第一期活動期でした。

そのころまでの噴出物の総量は八三〇〇立方メートルと推定されました。たまたま八日午後から九日朝にかけて低気圧が通過して、降雨により火山灰はセメント状の泥滴となって樹木に付着して、枝や幹を折り、乾燥後は固化して、森林ばかりでなく農作物にも、普通の降灰以上に多大な被害を与えました。

一一月一六日から一九七八年一〇月二七日にかけて、水蒸気爆発やマグマ水蒸気爆発が多発しました。この時期、火砕サージも発生して火口原から外輪山を超えて山麓に至りましたが、幸い大災害には至りませんでした。この第二期活動で火口原に銀沼火口が形成されました。この時期の噴出物の総量は第一期のそれの一〇パーセント程度でしたが、山頂から山体全体に降り積もっていたので、山麓に向かって発生した泥流によって家屋の半壊や浸水が引き起こされて死者・行方不明者三名の犠牲も出ました。

地震活動と地殻変動は衰えながらも、さらに一九八二年三月まで続きました。火口原にはおよそ一八〇メートル隆起した有珠新山が出現しました。この新山は「潜在ドーム」と呼ばれるもので、マグマが上昇してきて地表面をドーム状に隆起させましたが、マグマ自体は地表には現れなかったためにできたものです。明治四三年に出現した明治新山（四十三山、ヨソミヤマ）と同じタ

有珠山の2000年の噴火、手前は洞爺湖、対岸中央白く見える部分が洞爺湖温泉。

イプのドームです。外輪山の北東部は外側に膨らむように動き、北麓一帯は地殻変動により、家屋の損壊、道路の破損などの被害がでました。

この時の火山活動は新設直後の火山観測所の観測機器で確実に記録されました。そしてその経験が次に起こった噴火で役立ったのです。一九七七〜一九七八年の活動から二二年が経過した二〇〇〇年三月二七日、有珠山周辺で地震が頻発しはじめ、一日で一〇〇回を超えました。翌二八日、翌々二九日と地震の頻発は続きました。二八日には一部地域に自主避難を呼びかけ、四〇〇〇名が避難をしました。二九日には有感地震は六二八回を数え、伊達市、虻田町、壮瞥町で避難指示が出され、火山体周辺の住民およそ九五〇〇名が全員避難を完了しました。

避難指示地域から全住民の避難が完了した後の三一日一三時〇七分ごろ、西山の西麓で最初の噴火がはじまりました。灰暗色の噴煙が高さ三〇〇〇メートルにまで上昇し、東北東へと流れていきました。噴出物は破砕した軽石や火山灰など、新しいマグマに起因する物質を多量に含んでいました。マグマに接触された地下水が沸騰して爆発するというマグマ水蒸気爆発が発生したのです。

四月一日、西山の西麓では次々に新しい火口から噴火が起こり、洞爺湖側の金毘羅山でも噴火が起こり、熱泥流も発生しました。その後、噴火活動は次第に小規模になっていきましたが、西山火口群周辺では地殻変動が続き、高さが七〇メートルほどの潜在ドームが生まれ、道路は破壊され、家屋が傾く被害が続出しました。

日本では火山防災の目的で、それぞれの火山体の周辺市町村では「ハザードマップ（防災マップ）」の作成が、国から奨励されていました。有珠山周辺の自治体では素早く反応して、「有珠山火山防災マップ」が作成されていました。この防災マップに基づき、住民への噴火災害に関する啓蒙、広報活動が行き届いていたようで、有珠山の特徴である「火山性地震の発生⇓噴火発生」を理解している人が多く、避難行動も順調にいったようです。

おそらくこの時の有珠山の避難指示が、世界で初めて火山噴火前に避難指示が出され、避難が完了した後に噴火が発生し、人的被害が回避できた例ですが特筆に値すると云えるでしょう。火山学的には経験則ではありますが噴火予知がなされ、それに基づいて避難指示が出され、避難が行われた初めての例です。有珠山周辺の記録に残る過去七回の噴火の経験が、科学の目で有効に活用されたのです。

指示に従った住民の避難は順調にいきましたが、避難解除に関してはいろいろ混乱があったようです。噴火の規模も比較的小さかったこともあり、大災害には至りませんでしたが、地殻変動、火山泥流、降灰では深刻な災害になっています。

特に明治新山生成時に湧出し、観光地として発展した洞爺湖温泉街は噴火口に隣接しており、「人間が火山に入りすぎている」との批判が出ました。この批判には私はなんとなく違和感を持ちました。もともと火山体の一部であるはずの洞爺湖温泉です。そこの住人は、最悪の場合を常に覚悟して生活すべきであり、していたのではないかと思うのです。第三者が評論家気分でとやかく云う問題ではないと感じています。人間が火山島を含む火山地域でどのように生きてゆくべきか、「人間と火山の共生」は古くて新しい問題です。

4 火山のちょっとした休みが一〇〇年

二〇一七年のころと記憶していますが、メディアは一斉に四国電力伊方原子力発電所の運転差し止めの判決が裁判所から出されたと大きく報じました。住民側は原子力発電所の立地条件から、その存在を危険視し、運転差し止めの訴訟を起こしていました。それまでも、発電所の周辺に住むそれぞれの地域の住民からは、いくつかの訴訟が起こされていました。その結果はそれぞれの裁判ごとに異なり、発電所を運営する四国電力も対応に追われる事態が継続していました。

地方裁判所の判決か、高等裁判所の判決かは忘れましたが、メディアが強調したのは裁判長が「火山噴火の危険性を大きく認めた判決」だったことです。伊方発電所は愛媛県伊方町に位置しています。愛媛県西部、瀬戸内海に突き出た佐田岬半島の付け根の北側に面しています。佐田岬半島の北側が伊予灘、南側は宇和島海、九州との間は豊予水道で隔てられています。南西に一三〇キロ離れた「阿蘇山の噴火で、伊方原発も被害を受ける可能性もあるので、危険だから原発の運転は差し止める」という趣旨でした。

現在の阿蘇山は直径が東西一七キロ、南北二五キロの巨大なカルデラの中に、十数座の中央火口丘が並んでいます。このカルデラは二七万年前から九万年前の四回のカルデラ噴火で形成されました。大量の噴出物を伴う噴火の繰り返しの結果、地下に大きな空洞が生じ、地表が大規模に陥没した結果です。九万年前のカルデラ噴火では、噴出物の総量は富士山の山体に匹敵するといわれています。この噴火は日本で過去に起こった最大の噴火と推定されています。噴出物（火砕流）は九州北部や瀬戸内海を超えて四国や中国地方に達していました。当然伊方原発のある佐田岬半島もその襲撃を受けていました。

そのため裁判官は、今後、このような噴火が発生すれば伊方原発にも被害が発生するだろうから、原発の稼働は危険を伴うのでやめるべきだとの趣旨で判決がだされたようでした。この話を聞いて私はいくつかの疑問がすぐわいてきました。

その第一は阿蘇のカルデラ形成の噴火は九万年前の噴火を最後に終了したと考えられるので、当時のカルデラ噴火と現在の阿蘇山の噴火は性質が異なり、阿蘇山が今後同じような巨大噴火を発生させる可能性はないであろうということ。

第二は仮に同じような巨大噴火を発生させる力が、阿蘇山に残っていたとして、今後数十年間に、そのような噴火が起こる可能性はあるのだろうかということです。原発の寿命は伊方原発に限らず、当面四〇年ぐらいと見積もられ、その後修理を重ねてさらに数十年稼働させるのが基本方針のようです。ですからこれから数十年、まあ最長でも五〇年として、その間にそんな噴火が発生する可能性があるのかという疑問です。

第三は阿蘇山ばかりでなく、より近い距離にある大分県の火山についてはなぜ言及しないのか（判決文では言及があったのかもしれませんが、報道はされていません）。言及がないのはほかの火山噴火ではそのような心配はないと判断したのだろうかという疑問です。

このように疑問が出てきますが、そこで注目されるのが、第二の疑問についての裁判官の思考過程です。裁判官は同じような噴火が再び起こる可能性を指摘しています。阿蘇山の噴火は地球表面で発生している現象ですから、そこには地球の時間軸があてはめられます。悠久の地球の時間軸の中で、同じような噴火が発生する可能性はあると考えても不思議ではありません。不思議なのは、その噴火がこれから数十年の間に起こる可能性があるだろうと考えたことです。九万年間起こらなかった現象が、これから数十年の間に起こるとなぜ云えるのでしょうか。ここが思考のポイントで人間の寿命と地球の寿命を同じ時間軸で考えたのだと推測しています。

原発は人間活動の結果作られたもので、その寿命も数十年と考えられ、また現代の人間の寿命は一〇〇年と考えますと、原発も人間もほぼ同じ程度の寿命と考えてよいでしょう。地球は創造以来四六億年ですが、その寿命を一〇〇億年とします。すると地球は人間の一億倍の長寿となります。人間の一秒は地球では一億秒、三年二～三か月に相当します。原発の寿命数十年も、地球の寿命に換算すれば二〇～三〇秒にすぎません。阿蘇山の九万年は人間の寿命感覚ではおよそ八時間です。良い例えかどうかわかりませんが、八時間静かに横になっていて、起きようとしたら急に気分が悪くなったというようなものです。起こるか否か分からない、起こるとしても非常にまれな現象を、あたかも日常的に起こる現象と考えた結果の判決だったのです。

もちろん別の裁判の判決の中には「原発の運用中に阿蘇カルデラの巨大噴火が起こる可能性は小さい」などとして住民側の訴えを認めない例もあるようですが、その感覚が自然に対する一般的な感覚ではないでしょうか。

伊方原発に関しては、火山噴火とともに大地震の発生に関しても心配されています。原発の北側には中央構造線と呼ばれる静岡県から九州にかけて西日本を横断する断層が存在しています。大断層だからそのうえで大地震が起きる可能性があり、原発も被害が出る可能性が高いとの主張です。中央構造線は確かに長い断層ですが、有史以来その断層上でマグニチュードが8クラスの巨大地震はもちろん、7クラスの大地震が起きたこともありません。しかし、断層が存在する以上大地震の発生の可能性を否定できないことも事実です。

このように地球上で起こる火山噴火や地震活動はすべて、地球の寿命の上での活動です。大森房吉は人間の寿命感覚で火山を活火山、休火山、死火山と区別していました。しかし第2章3で述べたように、現在の火山学では過去一万年の間に噴火をしている火山は、活火山と定義されています。現在活発に活動している有珠山も、浅間山も数百年間、静穏な期間があるのです。富士山も同様に三〇〇年、四〇〇年と火山活動が静かな期間が存在します。人間の寿命感覚では一〇〇年間ですが、地球上で活動を休止している火山の感覚ではほんの数十秒から一～二分、休息しているに過ぎないのです。火山では「ほんの一休み」が人間にとっては一〇〇年、二〇〇年の時間になるのです。

地球科学ではいろいろな現象を述べるときに、この人間の寿命と地球の寿命、そのタイムスケールの違いを述べることなく、同じような感覚で話をする研究者は少なくありません。たとえば第1章6でも詳述した富士山の次の噴火ですが、「前の噴火から三〇〇年が経過しているから、次の噴火が近い」と主張している人たちがいます。私はその主張は無意味との考えですが、仮にその主張が正しいとして、次の噴火が四〇〇年後に起こったとします。「三〇〇年経過したから……」との理由で噴火が近いと云っていたのに一〇〇年後に起こった、つまり四〇〇年が経過してから噴火したとしても人間の寿命から見れば、その主張は間違いと云わざるを得ません。噴火が発生した時はその警告を聞いた人々はほとんどこの世には居ないのですから、聞いた人々の役には立っていません。しかし地球の寿命感覚ではほんの少し（わずか三〇秒ぐらい）遅れた程度で、問題視するには当たらないと云えるでしょう。

火山噴火や大地震の発生のような自然現象を、一〇〇パーセント起こらないとは絶対に云えません。しかし、住民側が勝訴した伊方原発の判決のように「可能性が極めて低い」なら、当面は「起こらない」と解釈してよいのだと考えます。地球の寿命では一〇〇パーセントではないでしょうが、人間の寿命ではほぼ一〇〇パーセント起こらない自然現象は少なくありません。阿蘇山のカルデラ噴火もその一つの例です。

5　箱根山の火山防災マップ

火山防災マップは二〇〇〇年頃までは「ハザードマップ」とも呼ばれ、それぞれの活火山で起こるであろう噴火を想定して、災害防止のために火山体周辺住民の避難場所や避難経路を書き込んだ一枚の図です。

現在は「ハザードマップ」は溶岩流、降灰域など噴火に伴う諸現象を示した図、「防災マップ」はそれに住民の避難先などを示した図と区別されています。

火山体周辺の各自治体が専門家の協力を得て、それぞれの火山に応じて災害に直結するような現象を想定し、その災害を予測し、住民の対応などが示され、作成されています。

噴火によって想定される降灰地域の分布や噴石の到達範囲はもちろん、過去の溶岩流、火砕流、土石流、火山泥流などを参考に、噴火の規模を想定して、将来の噴火でのそれぞれの発生地域や、その影響を及ぼす範囲が示されています。火山現象の用語の解説も載せられていたりします。

自治体が住民に対し、それぞれの火山に関する基礎的知識の啓蒙活動や火山活動に関する広報活動の資料として、有効に活用されるように配慮されています。火山防災マップに基づき、日ごろから行政と住民とが互いに知識や火山活動の情報を共有しておくことが重要です。

本章3で述べたように、二〇〇〇年の有珠山の噴火では、火山防災マップに基づいて約一万人の地元住民の避難がほぼ一日で完了しました。おそらく日本ではもちろんですが、世界でも初めて噴火前に住民の避難が完了した成功例で、改めて火山防災マップの有効性が示されました。その後も有珠山の火山防災マップは改定され、地元の全戸に配布されています。

火山防災マップの作成に協力している専門家は、ほとんど過去に起こったその火山の最悪の噴火を想定して、マップに示すことを主張する傾向があります。したがってどの火山防災マップにも最悪のケース、何百年に一度起こるかどうかの噴火が強調され、表示されていることが多々あります。有珠山のようにすでに改訂版が作られている例もありますが、火山防災マップが有効に活用できる期間は一〇年、どんなに長く見ても三〇年は無理でしょう。行政も人事異動があれば火山防災マップの存在すら知らない職員が出てくるでしょうし、火山体周辺の環境も変わるからです。作られた火山防災マップの有効利用には住民の知恵も必要なのです。

そんな中で箱根火山の火山防災マップは、その内容がほかの火山とは、やや趣を異にしています。箱根火山は死火山のカテゴリーに入っていた火山で、人類はその噴火を見ていません。その火山の火山防災マップを作るのに、何が重要かが検討されました。箱根火山周辺の住民や訪れる観光客が注意しなければならないのは、（一）地震の頻発、（二）火山ガスの発生、（三）大涌谷付近からの水蒸気爆発の三項目が強調されています。

火山防災マップの常識に基づき、予想される最大の噴火を示すべきとの意見が出ました。「箱根火山でもし大爆発が起こるとすれば、五万年以内に仙石原付近で起こる可能性が高い」から、火山噴火としてそれを強調すべきとの意見がありました。仙石原はカルデラ内の北端で、外輪山の中でも目立つ金時山への登山口であり、多くの旅館やホテル、観光施設が並ぶ観光地となっています。噴火の可能性が高ければ、その記述も必要ですが「五万年以内」という年数を考えると、現在は平穏に暮らしている地元住民に余計な心配はさせたくないので、その案は採用されませんでした。

五万年以内と一口に表現しますが、今から五万年前を考えてみると、日本列島で発見されている石器時代の遺跡でようやく五万年の値が出る石器が発見されています。最古の遺跡がおよそ五万年前で、縄文人、さらに弥生人の出現は一万〜二〇〇〇年前の極めて新しい話になるのです。現代の火山防災マップにとって、五万年という数値がいかに意味のないものかは理解されるでしょう。

「箱根の最後の噴火はたった三〇〇〇年前に大涌谷付近からですよ。噴火の可能性は否定できないでしょう」という意見も出ました。「三〇〇〇年前」を「たった」という学者の意見を聞き、科学者でない人の中には、「さすが科学者は云うことが違う」と思ったかもしれませんし、また

「たった」の言葉に錯覚して、噴火はすぐ起こるかもしれないと考えた人もいたかもしれません。私はこの意見に対して次のように反論しました。「たった三〇〇〇年前と云うけれども、存在さえはっきりしない神武天皇の時代より、さらに四〇〇〇年も前のこと、日本の歴史では神代のはるか前の出来事ですよ」。神武天皇より四〇〇〇年も前という、具体的な指摘で科学者でない人たちも、三〇〇〇年前がどの程度のものか、理解できたようです。

以上二人の学者の意見を紹介しましたが、彼らはいずれも地形学や地質学が専門で、研究者仲間では常に地球の寿命を念頭に議論しているのです。しかし、箱根山の火山防災マップは箱根町という地方自治体が作成して住民に配布するものです。作成された火山防災マップが行政からの資料として、各家庭で役立つのは一〇年程度ではないでしょうか。有珠山のように、常に活動している火山では、火山防災マップも適宜改定されるでしょうが、箱根山のように噴火の経験のほとんどない火山では、いくら活火山と云われても、火山防災マップ作成から三〇～五〇年もすれば改定が続けられない限り、自治体内でもその存在は忘れられているでしょう。

話す側は地球の寿命で、受け取る側は当然人間の寿命で考えていますので、このようなギャップが生ずるのです。なかには自己顕示欲もあって、必要以上に専門用語を駆使して自説を強調する人もいます。学者、研究者を自認する人は、自説を発表するときには十分な注意が必要なのです。

各火山の火山防災マップ作成の裏には、どの火山でも最悪の状態を想定するという美名のもとに、一〇〇〇年に一度でも、起こるかどうかわからない、大噴火を強調する傾向があります。利用する人はそのことに十分注意してほしいです。

なおこの火山防災マップ作成後、『理科年表』の箱根の噴火記録に「一二世紀後半から一三世紀頃三回の水蒸気爆発（大涌谷付近）、二〇一五、大涌谷での小規模な水蒸気爆発」の記事が出ています。新しい資料が発見されたのでしょう。二〇一五年の噴火も、二〇年ぐらい前なら気が付かれないほどの小さな現象でした。

6　決定的な人材不足

近年、火山や地震、さらには地磁気や重力など地球物理学的な観測の多くは、記録方式が進み、有線、無線のテレメータ方式で観測点から一つの基幹施設にデータを集中させ、記録する方式になってきました。気象庁の観測網では地震記録は東京の気象庁舎に集中し記録され、処理、解析され、必要な情報も気象庁から出されます。

これに対し大学の火山観測所は現在も複数の教官や技術職員が現地で勤務し、毎日、火山を観察しながら観測し、研究に従事しています。火山観測所では地震、山体の傾斜、地磁気、重力、熱などの観測を常時継続しています。もちろん地震データのような必要なデータは気象庁にも送られています。観測所で得られる諸データと実際に目で見える表面で起こっている現象との関係を知り、さらには火山体内でどのような現象が起きているかを考え、演繹し、その火山の噴火モデルを考えていくことが重要で、そのために大学は観測所を設置しているのです。

火山体周辺の地震活動が活発になったが火口周辺には異常はないか、火山性微動が出はじめたが火口の様子はどうか、噴気量が増えたようだが観測しているデータのなかに対応するような異常はないか、など日常の観測の中でも注意しなければならない事項はたくさんあります。

噴火が発生すれば、それはいつ起こったのか、噴煙はどのような経過をたどって上昇していったかなど、つぶさに観察する必要があります。噴出物の採取も容易にでき、その噴火の特性もすぐに解明できる可能性は高いです。このように火山噴火に備えては、常に火山をよく観察し、観測を継続する必要があります。都会の研究室でコンピュータの前に座り、送られてくるデータをいろいろ解析しているだけでは、火山研究ではなかなか本質に迫れないのです。

しかし火山の噴火は多少の例外はありますが頻繁に起こることはなく、むしろまれな現象といったほうが良いくらいです。しかし、そのまれにしか起こらない現象に対して日ごろから息の長い十分な観測を続けているのです。ひとりの研究者が着目した火山の噴火に遭遇するのも極めてまれになります。もし噴火が起これば過去のデータとの比較が必要ですが、その時、例えば途中で地震計の倍率や周波数特性などが変わっていたら、つまり同じような観測が続けられていなければ、前の噴火と新しい噴火を比較することもできないのです。最新技術による意欲的な観測も必要ですが、その観測所が創立した当初の機械の特性を維持した観測の継続も必要なのです。

その必要性を感じるのはやはり観測所にいて「山を見続ける」人たちです。

これらの諸理由で日本の活動的な火山には大学関係の火山観測所が設置されており、研究者や技術者が常駐して日夜観測を続け、山を観察しているのです。研究者の中には一生を火山観測所勤務で終わる人も珍しくありません。二〇世紀から二一世紀の桜島のように、ほぼ連続して噴火を繰り返す火山もありますが、多くの火山は一生を費やしても、一度でも噴火に遭遇すれば研究者としては幸運ですし、二度遭遇すれば大成功と云っても過言ではありません。火山や地震など、地球物理学的な諸現象の解明には、観測所のような現場に常駐し、「地球の息吹」を肌で感じることこそが、現象の本質に迫り、問題を解決する最善の方法です。

二〇世紀後半は火山や地震の観測所が急増した時代でした。多くの若手研究者が新設された観測所に勤務するために採用され、観測関係で成果が出る研究は大きく躍進しました。ところが二〇世紀の後半、当時の文部省（現文部科学省）は学問の世界に成果主義を導入しました。「研究者たる者、三～五年で研究成果を出せ」というのです。

例えばある着目した火山の噴火メカニズムを研究しようとします。研究の常道として、その火山の過去に起こった噴火を記載した文献を読みはじめます。当時の観測記録を見るかもしれません。そんな作業をしている間に、その火山で噴火が起きてくれれば、何とか新しい知見を含めた論文が書け、成果が出たと評価されるでしょう。しかし実際にはそのような幸運は期待できず、三～五年の期間は過ぎ、噴火メカニズムの解明を目指した研究者は「成果が上げられなかった研究者」となってしまうのです。

そこで多くの若手研究者は観測所勤務を望まず、大学の研究室でコンピュータの上に過去のデータを出し、考えたことをまとめて発表するのです。内容はともかく、何かの新しい知見が得られれば、それは「三〜五年で成果が出た」と評価されるのです。しかし、その研究には地球の息吹は入っていません。コンピュータ上のデータと現場とのギャップは埋まらないのです。医者が患者を診察する場合、レントゲン写真や血圧をはじめとする体に関する諸数値を見るだけで、顔色を見たり、体に聴診器を当てたり、喉の中をのぞいたりと、いわゆる触診のような診察をしないで病気を診断しているのと同じだと思います。

文部省の成果主義の導入以来、地球物理学（地球科学）を目指す学生が少なくなった、あるいは観測所に勤務することを望まない研究者が増えたとの話を聞くようになりました。実際、東京大学地震研究所でもっとも歴史のある浅間火山観測所をはじめ霧島火山観測所、伊豆大島火山観測所は無人の観測所になりました。また一〇か所以上に地震や地殻変動の観測所が点在していましたが、それも無人観測所になりました。観測データはすべて東京の研究所に送られ、観測機器に不具合が生じれば、東京から修理に駆け付ける体制になってしまいました。

地震研究所の場合、一つの観測所の人員は研究者（教官）が一人と数名の技術者の例がほとんどです。ですから観測所では研究者が学問的な話をする相手がいないのが、一つの欠陥でした。研究者と技術者との日ごろの会話は、どの観測点の地震計に不具合が生じたというような観測網維持のことがどうしても主題となり、研究者の研究に資する会話はほとんどできません。若い研究者にとってはこの環境はかなり辛いものです。

私も地震研究所時代霧島火山観測所に三年半ほど勤務しました。研究者は助手（現在は助教と呼ばれている）の私と二人の技官です。火山研究をはじめたばかりでしたので、二人の技官の人たちと観測網の維持、データの取得などの定常業務に加え、火山の勉強でいろいろな文献を読みました。もともと知識がなかったので文献を読むだけでも、勉強になりました。勤務して一年後ぐらいに、霧島山系の山麓で小さな水蒸気爆発（と思われる）が発生、付近の森林がなぎ倒される出来事が起こりました。霧島火山観測所の観測網の外の出来事で、私たちも報道でその事実を知り現地調査をして簡単な報告書を出しましたが、これは本格的な噴火ではありません。勤務している間に当時の霧島火山の地震活動はほぼ解明しましたので、次に噴火が起これば、事前にある程度の予測が可能と考えていました。特に二一世紀になったら霧島火山は溶岩の流出を伴う噴火が起こる可能性が高いとの論文も発表しておきました。

その後、霧島山系の新燃岳が一九九一年一一月に小規模の爆発を起こしましたが、溶岩の噴出はありませんでした。そして二〇一一年一月二六日、新燃岳は大きな噴火を起こしました。事前の地震活動をみると、もし私が観測所に勤務していたら十分に予測できた噴火と感じました。私の最大の興味は溶岩が流出するかどうかでしたが、予想通り新燃岳の火口内には溶岩があふれ出ました。火口の外には流れ出ませんでしたが、私は自分の予想通りの展開に、遠く離れた地で我が意を得ていました。

しかし、霧島火山観測所の創設以来の初めての大きな噴火でしたが、関係していた火山研究者たちは千載一遇の機会を失ったのです。新燃岳大噴火で、テレビに出る解説者たちは、もちろん火山の専門家ではありますが、霧島山への土地勘はなく、「火砕流に注意」などと、二〇世紀終わりに大きな被害を出した雲仙火山の火砕流を例にとり解説していました。同じように「土石流に注意」などとも発言した人がいましたが、霧島山は山が深く、これまでの噴火でも火砕流や土石流が発生する可能性は低く、起きても人家には届かず心配は不要でした。最大の心配は火山灰の多さで、明治時代までの噴火では噴石が茅葺屋根に落ちたことにより火災が起きていましたが、そのような話をする解説者はいませんでした。

火山が噴火すれば、この例のようにテレビでは火山の専門家と称する人や防災の専門家を自認する人に解説をさせますが、ほとんどは噴火した火山の特徴を知らずに話をするだけです。一つ一つの火山にはそれぞれの個性がありますから、その火山を知っている人が解説しないと、一般に役立つ話にはなりません。それぞれの火山のスペシャリストは極めて少ないので、私は多くの場合「話半分」以下を信じる程度に聞いています。

火山噴火や大地震の発生は極めて少ないので、自分が決めたテーマで研究をはじめても、三〜五年で成果を出すのは極めて難しいです。しかも観測所に勤務して、地球の息吹を感じながらどの悠長な態度ではとても短い期間で評価される研究成果を出すことは困難です。そんな研究環境なので、地球物理学（地球科学）を目指そうという若い研究者が極めて少なくなっているのが現実のようです。またたとえ地球物理学を大学、大学院で学んでも希望する研究職の就職口が少ないのです。うまく研究職にありつけても期限付きで、その間に成果を出さないと評価されず、じっくり地球の息吹を感じるなどと悠長なことはできないのが現状です。

確かに私が現役のころは、大学の自由な空気を満喫し、教授でありながら研究発表もほとんどなく、何をやっているのか分からないような人もいました。しかし、研究対象が時間軸の長い地球上の現象となると三～五年で立派な研究成果を出せというのも酷な話です。若い人が研究者の道を選ばない、あるいは目指せない最大の理由になっています。この成果主義は現場を知らない役人や政治家の考えだったのでしょう。火山噴火、大地震の発生などの大きな課題を抱えている地球物理学の分野での研究者の減少はその分野の衰退、進歩の遅れに直結します。大問題であることを指摘しておきます。

一口メモ（2）「北アルプスにエベレストより高い山が存在した」という学者

日本列島の構造や成り立ちの概要を真っ先に解明したのは地質学者たちでした。彼らはほんの少しの地層や岩石の試料から、想像力を膨らませて、研究を続けてきました。たとえばある地層の中に少量の火山灰が含まれていたとします。すると、その火山灰の成分を調べ、その火山灰の噴出口、つまりその灰を噴出した火山やその活動規模、さらにはその噴出時期をも推定していきます。このような手法の繰り返しにより、日本列島の成り立ちが解明されてきました。地球物理学を専門とする私にはとてもまねのできない、彼らの想像力には常々驚き、また敬意を表し続けてきました。

東京大学地震研究所時代、先輩の地質学者に聞いたことがあります。「何人かの地質研究者が日本列島の地下構造を出していますが、すべて信じていいのでしょうか」との問いに、その先輩は「誰が何を主張しているかよく考えなさい。人によります」との答えでした。地質学者の想像力も人により正しくないものもあるというのです。そのように教えられてから、私は彼らの学説をかなり批判的にみられるようになりました。地質学者のなかには、決して自説を曲げない「唯我独尊」的な人も確かにいるのです。

彼らの話を聞いていると、地球上の陸地は上下方向、水平方向に自由に動くように錯覚しているのではと思うことがしばしばあります。地質学者が地面（地殻）は隆起すると気軽に発言しても、地球物理学者はその隆起を起こす力は何かを先に考えてしまい、その力が存在する可能性がなければ、その説は信じません。しかし彼らは平気で自説の主張を続けます。

地質学と地球物理学のこのような距離は、プレートテクトニクスが出て以来だいぶ接近してきたようです。しかし地球物理学は地震、地磁気、重力など、地球内部のいろいろな現象を観測し、その結果、観測した現象を説明するために新しい地球モデルの構築を試みます。地質学は各自が足で歩き、岩石を採集して、それぞれのデータをパズル合わせのように組み合わせ、想像しながら地球モデルを組み立てます。地球内部の「数値データ」と岩石という「物」であるという扱うデータの違いから、やはり両者の間にはまだ溝があるようです。次はその一例です。

あるテレビ局の番組で「日本にもエベレストをしのぐ高い山が存在した」、「北アルプスにも標高一万メートルの山が存在していた」とある地質学者が自分の研究成果を紹介し、本人も番組に出て、自説を説明していました。彼は北アルプスを歩き回り得られた岩石試料からその考えに到達したようです。

北アルプスの中央にそびえる槍ヶ岳（3180メートル）、この背後に10000メートルの高山があったという。画面左奥は立山連峰

北アルプスの中心地域、穂高連峰から槍ヶ岳にかけ、さらにその北側の鷲羽岳、祖父岳、雲ノ平なども火山でした。槍ヶ岳付近を中心に、また鷲羽岳付近を中心にそれぞれ直径一〇キロ程度のカルデラが形成されていたのです。その火山活動が終わり、付近一帯は標高が三〇〇〇メートルを超える高原が形成されていました。その後浸食がすすみ、さらには氷河作用で、槍ヶ岳に代表される岩峰の並ぶ山脈になっていったのです。

鷲羽岳付近を中心にした直径一〇キロのカルデラは形成された後、東のほうからの圧力により、次第に西側へ押され出したのです。そして最終的にはカルデラの東端が山体の底辺になり、西端部分が山頂になりました。お椀、または底の浅い皿を立てたような状態です。カルデラの直径が一〇キロですから、それが垂直になれば標高が一〇キロの山になるという計算のようです。テレビ局は山脈の中に屹立する標高一万メートルの山の想像図も示していました。

カルデラが垂直に立つまでの時間には言及されていなかったようですが、仮に、一〇〇万年かかったとします。その地質学者の主張では、カルデラは原形を保ったまま垂直になっていますが、実際はその間に、山体は侵食を受けているはずです。毎年一ミリずつ侵食を受ければ、一〇〇万年では一〇〇〇メートル、毎年一センチの侵食では一万メートルも頂上部分は低くなるはずです。「浸食を考えていないので科学的な話ではない」というのがこの話を聞いた時の私の第一印象でした。コメンテーターとして番組に出演していた別の地質学者も「侵食が起こるから、一万メートルの山にはならないでしょう」とコメントを出していました。

その後、たまたま見た同じテレビ局の番組にその地質学者が出演していて、やはり「一万メートルの山の話」をしていました。そのときはさすがに「侵食が進みますから一万メートルにはならない」と付け加え、ようやく侵食を考慮する姿勢がみられました。古い時代の話にしても実際に北アルプスに話半分の五〇〇〇メートルの山が存在していたら、その後に浸食が続いたとしても、その名残として南側の槍ヶ岳より高い、三〇〇〇メートル級の山が存在しないと、話のつじつまはあいません。全くの科学に名を借りたフィクションです。

第6章　噴火の予測

火山噴火を予測することは災害を未然に防ぐ、あるいは最小にする最大の手段です。しかし、残念ながら現在の火山学の実力は、噴火を予測する方程式を持っていません。毎日の天気予報は方程式に現在の気温や気圧などを入れて、一二時間後、二四時間後の天気予報が出されます。未来を予測する方程式があるので、テレビ画面で見られる天気予報が可能になっているのです。火山学ではその方程式が確立されていないので、噴火を含む火山の活動予測は、過去の活動を考えての、経験と勘に頼らざるを得ないのです。その実態を述べます。

1　火山災害

火山あるいは火山噴火に人々が関心を寄せるのは、火山活動によって生命、財産が奪われる災害が発生するからです。災害を伴わなければ、人々は火山噴火を、自然界の一つの現象として眺められます。大空に現れる虹やオーロラを見るがごとく、目の前で起こる自然の大スペクタクルを感動しながら眺めることはあっても、恐れを感じることはないでしょう。人里離れた山奥の火山が小規模な噴火をする程度では、人間への被害はほとんど無視できるかもしれません。場所によっては自然の打ち上げる花火として眺め、楽しむことができます。

しかし、火山災害は多くの自然災害の中でもいろいろな種類と原因があります。大噴火になれば、その噴火した火山体周辺ばかりでなく、全地球上で影響を受けることになるのです。火山噴火を人々が恐れるのは、多種多様な災害が起こる心配があるからです。

爆発力の弱い噴火でも、溶岩噴出のような場合には、地殻変動や溶岩流による建物や道路、さらに耕地や森林の破壊が心配されます。爆発的な噴火では、広い範囲に爆風や噴石を飛来させ、火山灰を降らせ、火山泥流を起こし、火砕流を発生させて、多くの人命や財産が奪われます。成層圏まで届いた火山灰はエアロゾルとなって、長期間上空にとどまり、太陽光線を遮り、地球上に大きな気候変化をもたらす恐れすらあるのです。

火山災害を防ぐには、一つ一つの火山の性格を知り、噴火現象や噴出物に対する正確な知識が必要です。そのため、それぞれの火山特有の対策が求められるのです。その対策の一つとして、日本で提唱されているのは各火山の火山防災マップです（第5章5参照）。その作成には防災の立場から火山体周辺の自治体が担当しています。日本列島の火山防災の立場からは、気象庁が活火山の分類をしています。

活火山は第2章3で述べたように、有史以来噴火の記録がなく「死火山」と定義されていた御嶽山が、一九七九年に水蒸気爆発をしたことから、その定義が見直されました。そして現在は国際的な基準に合わせ「おおむね過去一万年以内に噴火した火山及び現在活発な噴気活動がある火山」と定義され、日本では一一一座の活火山が選定されています。その中には伊豆・小笠原諸島の海底火山や国後島・択捉島の北方領土の火山も含まれています。

定義の変更により、活火山は極めて活動的な火山から、噴火の可能性はあるものの有史以来活動の記録のないような、長期にわたり静穏な状態が続いている火山まで、その活動状況は多岐にわたります。防災対策を考える場合でも、有史以来火山活動の認められない火山より、噴火記録の残る火山のほうが、より重要視するのは当然でしょう。そこでその優先度の指標の必要性が認められ、火山学的に評価した各火山の活発さによって、活火山を分類することが行われました。

それぞれの火山の活動を「過去一〇〇年間に組織的に収集された詳細な観測データに基づく一〇〇年活動指数、及び過去一万年間の地層に残るような規模の大きい噴火履歴（活動頻度、噴火規模及び活動様式）に基づく一万年活動指数」（気象庁）と定義し、A、B、Cの三ランクに分類したのです。ただし、海底火山や北方領土の活火山は、データ不足から日本列島内の火山と同等に扱うことはできないので除外されています。したがって日本列島内で噴火の可能性があると考えられる活火山は八八座、そのうち渡島大島、西之島、硫黄鳥島は無人島ですから、噴火で直接被害を受けそうな活火山は八五座になります。その分類は以下のようです。

ランクA（一三火山）

十勝岳、樽前山、有珠山、北海道駒ケ岳、浅間山、伊豆大島、三宅島、伊豆鳥島、阿蘇山、雲仙岳、桜島、薩摩硫黄島、諏訪之瀬島

ランクB（三六火山）

知床硫黄山、羅臼岳、摩周、雌阿寒岳、恵山、渡島大島、岩木山、十和田、秋田焼山、岩手山、秋田駒ケ岳、鳥海山、栗駒山、蔵王山、吾妻山、安達太良山、磐梯山、那須岳、榛名山、草津白根山、新潟焼山、焼岳、御嶽山、富士山、箱根山、伊豆東部火山群、新島、神津島、西之島、硫黄島、鶴見岳・伽藍岳、九重山、霧島山、口永良部島、中之島、硫黄鳥島

ランクC（三九火山）

天頂山、アトサヌプリ、雄阿寒岳、丸山、大雪山、利尻山、恵庭岳、倶多楽、羊蹄山、ニセコ、

恐山、八甲田山、八幡平、鳴子火山群、肘折カルデラ、沼沢、燧ケ岳、高原山、男体山、日光白根山、赤城山、横岳、妙高山、弥陀ヶ原、アカンダナ山、乗鞍岳、白山、利島、御蔵島、八丈島、青ヶ島、三瓶山、阿武火山群、由布岳、福江火山群、米丸・住吉池、池田・山川、開聞岳、口之島

対象外（二三火山）

ベヨネース列岩、須美寿島、孀婦岩、海形海山、海徳海山、噴火浅根、北福徳堆、福徳岡ノ場、南日吉海山、日光海山、若尊、西表島北北東海底海山、茂世路岳、散布山、指臼岳、小田萌山、択捉焼山、択捉阿登佐岳、ベルタルベ山、ルルイ岳、爺爺岳、羅臼山、泊山

このランク分けは過去の火山活動について評価したものです。将来の活動は何も示していないことをよく理解して欲しいです。また火山体周辺の社会的な環境も含まれていません。火山防災を考えるときは配慮しなければならない点です。

2　どの火山も噴火の可能性がある

火山の中でも、今後噴火する可能性のありそうな火山を活火山と定義したのですから、どの火

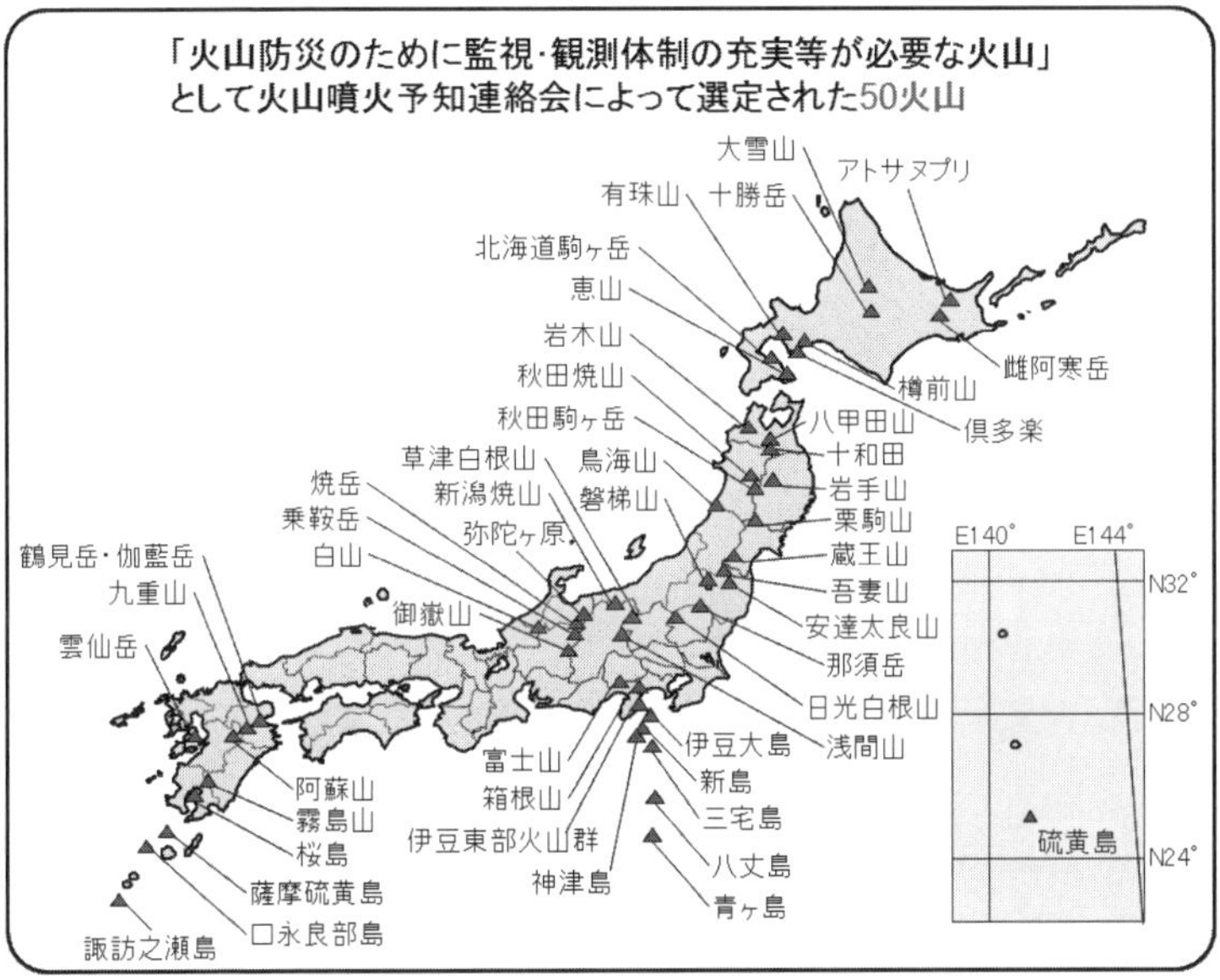

気象庁により常時観測が継続されている火山（気象庁HPより）

山も噴火する可能性はあるのです。しかし、日本列島で実際に噴火する火山は一年間に数火山で、それも同じ火山が複数回噴火はしても、ほとんどの火山は静かに存在を続けているのです。一般の感覚としては、噴火をしている火山より、近くにあっても活動をしていない火山は、自分には噴火は関係ないと考えている人が多いのではないかと思います。そうはいっても、毎年必ずいくつかの活火山は噴火しているのですから、八五の活火山の中でも、噴火が発生した場合、住民にも大きな影響が出る可能性のありそうな火山を選び、観測網を設置して監視する体制が整いつつあります。

　すでに紹介しているように、大学や気象庁、そのほかの公の機関による火山観測所が設置され、常にその活動が監視されている体制になっている火山もあります。しかし、そんな火山は活火山全体の一〇パーセント程度です。そこで気象庁は火山噴火予知連絡会（第7章3参照）に依頼し、防災上の立場から、常時監視をしたほうがよい火山五〇を選んでもらい、観測体制を強化しています。

気象庁はこれら選ばれた火山には、地震観測網を設け、山体周辺で起こる地震の震源を決め、地震活動を常時監視しているほか、空振計、監視カメラ、ＧＰＳや傾斜計など地殻変動を検出する機器も設置して観測を続けています。

しかし、注意しなければいけないのは、「気象庁が常時監視をしている山だから、噴火前には必ず何かの情報が発表される」と考えてはいけないことです。すでに書いたように、活火山一つ一つはそれぞれ個性があり、その噴火に至る活動形態が異なりますし、噴火の仕方も異なります。また同じ火山でもそのときどきで、まったく異なった活動をします。五〇の監視体制のある活火山で、気象庁がその噴火の性質を十分に予測できる火山はあったとしても一つか二つです。ほとんどは予測できないと断言できるでしょう。気象庁の監視技術レベル以前の問題として、各火山の性質を正確には理解できていないからです。

地震に関する発表もそうですが、火山噴火に関する気象庁の発表は、極めて分かりにくい内容です。地球物理学が専門を自認する私でもそうですから、一般の人々が、発表を聞いてどのような行動をとるべきか判断できる場合は極めて少ないでしょう。私の友人などは、地震や火山噴火の発生が話題になると、「あなたの話は良く分かるけど、気象庁の発表は何を云っているのか分からない」と云われます。

気象庁の発表がそうなるのは、噴火した火山の性質が分かってないため、その後の活動状況も予測できず、総花的な発表をし、結局は何かあれば「自己責任なのですよ」を言外に匂わせることに終始するからです。気象庁は日本国の自然災害に関するすべての情報を掌握している行政官庁です。日本の役人は決して誤りを犯さないタテマエになっています。自然を相手にしている気象庁も、この日本の役人機構、行政機構の悪癖にどっぷりとつかっているようです。自然現象の予測には限界があります。それは現代科学で知りえる限界でもあります。発表の中にそのような「知的な限界レベル」の話も入れて、いわば人々を啓蒙しながら、火山情報を発表する方法を確立していけば、もう少し実のある発表になるのではないかと常々考えています。

3　噴火の予測とは

地震学の世界では一九六五年に地震予知研究計画が発足し、地震情報の一元化や各省庁を取りまとめる組織の必要性が認められ、地震予知連絡会が設置されました。地震予知での重要な観測項目は地殻変動の観測なので、その事務局も国土地理院に置かれ、国土地理院長の諮問機関として一九六九年四月に発足しました（『あしたの地震学』、青土社、一一五頁、二〇二〇）。

火山学の世界でも火山噴火予知計画により発信される関係機関の研究や業務に関する成果や情報の交換、各火山で起こるいろいろな現象について総合的に判断を行うことなどを目的に、火山噴火予知連絡会が設置され、気象庁長官への諮問機関として一九七四年七月に発足しました。初代会長は国立極地研究所所長の永田武で、私も永田先生の鞄持ち的な意味もあり、委員会のメンバーに名前を連ねました。当時の私はまだ火山研究歴は四年ほど、前年発足したばかりの極地研究所の助教授でした。最初の会議に出席して、驚いたのは大学からの委員はみな教授ばかりで、関係省庁からの委員もそれなりの役職でした。

永田先生は大学を卒業後地震研究所に入所し、岩石磁気の研究で多くの成果を上げ、一九四〇年の三宅島の噴火でも、現地に赴き、数々の成果を上げてはいました。しかし、専門は岩石磁気であり、日本の南極観測がはじまってからは超高層物理学の分野でもオーロラ研究の指導的立場でした。極地研究所の教官で地震研究所に勤務した経験があるのは永田先生と私だけでした。そんな経歴の先生が、なぜ火山噴火予知連絡会の会長を引き受けたのか不思議でした。若造の私はその辺の裏事情を知る立場でもありませんでした。以下は私の個人的な推測を記します。

本書でも述べているように、各火山の噴火の歴史を解明してきたのは地質学者や岩石学者たちでした。彼らにはそれぞれ興味を持つ火山があって、何回も足を運び、その地層の中に残るわずかな火山噴出物の層にも着目し、その火山の噴火史を解明しています。教授クラスの研究者になると「自分の縄張りの火山」と認める例もあったようです。しかしいざ噴火となった場合には、その活動を含めて、情報が得られるのは火山物理学の手法です。地震観測にはじまり、傾斜計による観測、重力や地下温度の測定などから起こっている現象を理解し、地下のマグマの動きなどを予測していくのです。地質学的手法ではそれぞれの火山の特性から長期的に噴火する時期を予測することはできても、間もなく噴火するというような直前予知はできません。ですから火山噴火予知連絡会の発足時は地球物理学分野の委員、特に大学からの委員は地球物理学系の教授たちだけで、すべて私にとっては大先輩たちでした。

多分地質学の関係者の中には、地質研究者が外されたことを不満に思う人もいたかもしれませんが、火山噴火予知という目的に絞れば、この方針は誤りでなく、また他分野の不満を抑えられるのも永田先生だからできたのでしょう。地質学者のメディア対応を心配する人もいました。ある火山が噴火した場合、メディアによく出るのは地質学者でした。しかし、火山が噴火しても、大地震が起こっても、各研究者が勝手にメディアに出て自説を展開することの弊害は、地球物理学系の研究者たちは、一九六五年にはじまった長野県の松代地震で経験済みです。したがって、火山噴火の場合も、出す情報はなるべく気象庁からの一本化が望ましいと永田先生は考えて、それなら初期の段階では、地質学者を外したほうが良いと判断し実行したのでしょう。

火山噴火予知連絡会が発足して、しばらくして発生したある火山の噴火では、火山噴火予知連絡会がその噴火の観測研究などを取り仕切る担当者を決めているのに、まさに「私の火山」の意識でメディアにピントが外れの自説を繰り返す地質研究者がいました。ピントが外れるのは、その人が地震などから得られるその時点での火山噴火の現状を理解することなく、自分のその時の観察と過去の経験からだけの話になるからです。現在は地質学者も委員に名を連ね活躍しているようです。

そんな背景がありましたが、火山噴火予知連絡会では、噴火予知とは何かが議論されました。地震の場合とは異なり、噴火する火山は分かっているわけですから、次の要素が必要になります。

1. いつ
2. どこから
3. どんな形の噴火が起こり
4. その噴火がどのくらい継続するか

火山の場合は噴火が心配されるのは、群発地震の発生や山体に設置してある傾斜計などの器械のデータに異常が出はじめてからが一般的でしょう。ですから、「いつ」についても、地震のように、中期、長期の予測は不要で、直前予知だけが必要です。避難行動を考えると、最低でも三日前には、噴火することを知らせて欲しいでしょう。

「どこから」は山頂からか山腹や山麓からかがあります。最初の判断で、山頂以外からの噴火の可能性が大きければ、火山体のどちら側から噴火するか、それが分かれば、どの地域の住民が避難をしなければならないのかもはっきりしてきます。

「どんな形の噴火」が予想されるかを予測するのは非常に困難というよりも、現在の火山学の知識では不可能に近いでしょう。ただの水蒸気爆発か、溶岩の流出、火砕流の噴出の有無などの情報は防災面からは不可欠ですが、予測するのはなかなか難しいでしょう。その火山の特性を考慮して可能性のありそうな噴火様式を並べて注意を喚起せざるを得ない局面があります。

そして起こった噴火が「どのくらい続く」のか、その後の噴火活動の予測です。大規模な災害などの発生は、噴火後しばらくしてから発生することもありますので、その見極めです。

このように火山噴火予知に対しての基本的な考えはありましたが、現在の火山学の噴火に関する予測・予知レベルはきわめて低いです。その現状を考慮して気象庁は「噴火警戒レベル」を設け、その指標に従って、住民の生命や財産を守ることを目的にしています。噴火警戒レベルは各火山の活動状況に応じ警戒が必要な範囲と周辺の自治体や住民の「とるべき防災対応」を五段階に分けてあります。

現在噴火警戒レベルの設けられている火山は、監視体制がある活火山のなかでも、少し活動の活発化が認められるという火山に設定されているようです。「いるようです」とあいまいな表現になるのは、噴火警戒レベルの設定が、それぞれの火山体周辺の防災対策を考慮しながら、必要と認められた火山で「運用」されているからです。たとえば「レベル1は噴火予報」で、その山が活火山であることに留意し、登山の場合も注意を怠るなということのようです。でもレベルの

種別	名称	対象範囲	レベル	キーワード	説明		
					火山活動の状況	住民等の行動	登山者・入山者への対応
特別警戒	噴火警報（居住地域）	居住地域およびそれより火口側	5	避難	居住地域に大きな被害をもたらす噴火が迫っているか発生している	危険な居住地域からの避難	
			4	避難準備	居住地域に大きな被害をもたらす噴火の発生が予想される	警戒が必要な地域での避難準備。要配慮者の避難	
警報	噴火警報（火口周辺）	火口から居住地域近くまで	3	入山規制	居住地域の近くまで重大な影響を及ぼす噴火が発生、あるいは発生すると予想される	通常の生活。要配慮者の避難準備	登山禁止
		火口周辺	2	火口周辺規制	火口周辺に影響が及ぼす噴火が発生,,あるいは発生が予想される		火口周辺立入禁止、登山は控える
予報	噴火予報	火口内等	1	活火山であることに留意	火山活動は静穏。場合によっては火口内で火山灰の噴出が見られる		火山であることを意識しながらも登山は可能

噴火警戒レベル（気象庁の表をもとに作成）

決められていない活火山もあるのですから分かりにくいのです。また噴火したあとレベルを上げた例もあります。レベルを決める明確な基準もなさそうですが、噴火警戒レベルを設けることにより、いざ噴火というときには、住民は容易に避難行動に移れることを目指していると私は解釈しています。

いずれにしても、火山噴火予知は火山学ではほとんど進歩していません。物理学的には火山体内の構造を知り、マグマが存在しているか否かを判断し、岩石の温度、圧力、粘性などのそれぞれ必要な物理学的性質の数値を方程式に入れれば、その後の地下の状態の変化が分かる、つまり未来予測ができることが理想です。しかし残念ながら、火山学ではそのような方程式は存在しません。大体地下の温度だとか、存在するする溶岩の粘性など物理的な情報も得られていないのですから、学問レベルが方程式をつくる以前の段階なのです。また過去の噴火様式を見ても、火山一つ一つに個性があり、また一つ一つの噴火でも個性がある、複雑で多様な噴火様式があり、簡単には「感覚的な噴火予知」もできません。残念ながら現在の火山学の噴火予知・予測に関する実力はその程度です。

4　これから一〇〇年噴火する火山は

このような質問を受けたとき、どのように答えればよいのか迷います。『理科年表2021』には「最近七〇年間に噴火した日本の火山」という項目があります。その項目に従えば北方四島の火山や海底火山を含む一一一の活火山のうち、噴火したのは四五火山でした。一年間で噴火した火山の数は三〜九で、平均すると毎年六火山が何らかの火山活動をしていることになります。その火山活動の中には、一九七一年の霧島山や二〇一五年の箱根など、噴火とは呼べないような現象も含まれます。火山を大福餅に例えた場合、これらの活動は、大福餅の表面についた粉がちょっと落ちた程度の現象ですが、一九九〇年からの雲仙岳の噴火は中のあんこが出てきた現象と書けばその違いの意味が理解されるでしょうか。平均年間六回前後の火山活動はそのように大小さまざまな活動が含まれていると理解してください。

さらに噴火した四五火山の中で霧島山は三か所、草津白根山は二か所から噴火していますので、火山としては四二火山になります。さらに北方四島の三火山、四つの海底火山が含まれていますので、これを除くと三五火山になります。この中には無人島の西之島と海面からいくつかの岩峰が突き出ているだけのベヨネース列岩も含まれます。したがって日本列島で火山体周辺の住民に災害をもたらす可能性のある火山で噴火したのは三三火山です。表題の問いに対しては、「これから一〇〇年間で人間に災害をもたらす噴火を起こす火山」について考えることにします。

結論を言えば「すべての活火山は噴火する可能性がある」です。なかでも、二〇世紀から二一世紀にかけ火山活動を続ける桜島や諏訪之瀬島が活動を続けることは間違いないでしょう。同じ視点からは伊豆大島、三宅島も同じです。桜島を含めてこれら四つの火山は火山島で、火山の麓の狭い地域に住民が住み、噴火に伴い災害が発生する可能性が高いので、注意しなければならない火山です。

同じように活動度が高い浅間山や阿蘇山は小規模の噴火では住民に被害をもたらす割合が低いです。しかし、山麓に住民が住む有珠山では、必ず噴火が起こるという覚悟が必要です。霧島山もこれから一〇〇年間には必ず噴火が複数回起こるでしょう。霧島山も噴火をする山の麓には住民は少ないです。予想される心配は周辺への降灰です。農作物への被害が必ず起こると考えておくべきでしょう。

富士山はどうでしょうか。第1章6で述べたように、二一世紀に入り「前の噴火から三〇〇年経過したから次の噴火は近い」と注意を喚起したのは地質学が専門の研究者でした。地球物理学的には「富士山の噴火は近い」とは云えません。何も証拠がないのです。また「三〇〇年間も活動を休止あるいは停止したのは富士山としては異例の長さ」と主張する学者もいます。一一世紀から一四世紀はやはり活動休止期間であり、前に例があるわけです。それよりも有史以来の富士山の噴火活動は、それほど規則性があるようには見えません。三〇〇年の間隔が四〇〇年になっても不思議ではありません。地球の寿命のタイムスケールから見れば、一〇〇年はほんの一瞬です。

現時点で富士山の噴火を主張、あるいは警告する学者の中には、富士山の噴火に鈍感になっている世の中や地元住民に注意を喚起する目的もあるでしょう。そのほかの火山噴火でも「危険、危ない」を連発したほうが、世間が注目するので自説を発表する学者もいます。地球物理学的には、現在富士山山体内や地下深部では地震活動が認められないのでマグマの活動はないと推測されます。マグマが存在しなければ噴火の兆候はないと考えています。そんな状況なので富士山は活動をはじめるとしても五〇年後ぐらいではないかと想像しています。単なる想像で具体的な証拠はありません。

日本列島に属する火山で、七〇年間に一度でも活動したのは三五の活火山でした。今後の一〇〇年間を考えたとき、同じ割合で噴火が起こるとすれば、およそ五〇の活火山が活動することになります。偶然ですが、その数は気象庁が観測機器を設置して監視を続けている活火山の数と同じです。これらの火山は火山噴火予知連絡会によって「火山防災のために監視・観測体制の充実等が必要な火山」なのです。もし噴火が起これば災害が発生する可能性がある火山と考えられ、注意されている山です。平常時の活動を含め、多くの専門家がその経験と勘から「なんとなく危ない」と感じている火山です。そんな火山ですから今後一〇〇年間内には噴火する可能性もあるのです。

残るおよそ三五の活火山は「噴火しないのか」と問われても、その答えは「分かりません」となります。現在は全く活動しそうな兆候はなくても、五〇年後、一〇〇年後は噴火する可能性もあるので、実際のところ分からないのです。これが火山学の火山噴火予知に対する実力なのです。人間の半生、一生に相当する五〇年、一〇〇年は地球のタイムスケールで存在している火山にとっては、人間のタイムスケール感覚では数十秒にすぎないのです。このタイムスケールの違いを十分理解して、火山に対処してください。

一口メモ（3）　M9シンドローム

「M9シンドローム」は二〇一一年三月一一日に発生した超巨大地震・東日本大震災後に、テレビに出て発言する地震学者や気象庁をはじめとする関係官庁の役人たちの発する話を揶揄して私が云い出した言葉です。地震学者の中には超巨大地震が起こる前、二〇世紀の終わるころから「大地震は切迫している」と云い続けている人たちがいました。彼らの指す大地震は現在云われている「南海トラフ沿いの巨大地震」だったようですが、三陸沖での超巨大地震が発生したら「想定外」という言葉を使いはじめました。たまたまその一人の話を、超巨大地震発生の数日前にテレビで見ていましたので記憶に鮮明に残っていました。ところが東日本大震災が発生すると「切迫していると云い続けていた巨大地震」には全く言及せず、「想定外」を連発していました。

その後「想定外」は関係者の間では一種の流行語になるとともに、想定外を云わないために、各種の発表や発言には大きな網掛けがなされるようになりました。網掛けとは、可能性がほとんどないような特別なケースでも、「最悪の場合は〇〇」などと常に自分の発言に保険をかけ、批判されないように気を使うようになりました。それに追い打ちをかけたのが、二〇一四年九月二八日の御嶽山の噴火でした。活火山に復活し設けられた観測体制は貧弱ながらも「常時観測すべき火山」として、地震計が置かれていました。一九七九年の噴火後、一九九一年、二〇〇七年にも噴火をしていました。二〇〇七年の噴火の前には群発地震が発生し、その数は一日に八〇回を超えた日もありました。

二〇一四年八月ごろからも御嶽山周辺では群発地震が起こりはじめ、一日に八〇回を超えた日もあり、その群発地震活動の地震数は一日に一〇回程度には減ってはいましたが、九月になっても続いていたのです。普段は地震活動の全くない御嶽山周辺ですので、群発地震が続いていていたのですから噴火は予想しなくても、普段とは違う現象が起きていることを認識し、気象庁はそれなりの情報を発するべきでしたのに、それをしませんでした。この失敗に懲りてから、気象庁は「噴火警戒レベル」などの発表でも、必要以上に長期にわたって入山規制をするような、情報発信になっています。究極的にはこのような発表も、「安全確保」の名のもとに、自分たちの発表に批判が起こらない、安全の網掛けとしか私には思えません。これも私はM9シンドロームと呼んでいます。

M9シンドロームの発信がはじまって、一〇年になります。そろそろこの病気から解放されるためには、自然科学の限界も分かりやすく広報する姿勢が必要なのです。残念ながら科学はまだ万能ではありません。限界があります。発達している医学界でも癌治療をはじめ、各分野で限界があります。地球科学でも火山噴火予知、地震予知など分からないこと、実現が遠いことはまだまだたくさんあります。人間の怠慢ではなく、人知の限界を超えることは、率直にそれを認め、知らせることも重要なことだと常々考えています。

第7章　あしたの噴火に備えて

日本列島に住む私たちにとっては、生涯に数多くの火山噴火のニュースを見聞するでしょう。しかし、多くの国民にとっては噴火に遭遇する割合は極めて少ないのです。山麓の住民が犠牲になる噴火は決して多くはありません。火山噴火に遭遇しても命を失うことのないよう、それぞれの火山に向き合い、気楽に過ごすためにはどうするか、その方法を記します。

1　近くの火山の過去の災害履歴を知る

火山列島と呼ばれる日本列島ですが、近畿地方、四国地方には活火山は存在しませんので、火山噴火を心配する必要はありません。「火山噴火がない、火山災害がない」などと書きますと、火山学者の中には、必ず超巨大噴火の例を出して、批判する人がいます。九万年前の阿蘇山の超巨大噴火で火砕流が豊後水道を超えて、四国や中国地方にまで達しているのだから、安心できないと云うでしょう。科学物語、あるいは火山学の講義での話なら、そのような例を出すことも悪くないでしょう。しかし、実際に現在生活している人が、火山災害を考えるときには全く考慮しなくてよいでしょう。近い将来そのような噴火が発生しそうな火山や場所は確認されていません。繰り返し書きますが、火山学者の中でも地質学を背景に研究している人の中には、地球の時間スケールで話をする人がいますので、注意してください。

多くの人々が現在の火山に対して考えていることは、これから数十年、長くても一〇〇年間以内に、自分自身が火山災害に遭遇するかどうかの心配です。歴史時代に入って千数百年間、発生していない現象を心配しても仕方がありません

日本人で隕石の落下を恐れている人はどのくらいいるでしょうか。私の人生の中でも、最近三〇年間で二回の日本列島内への隕石の落下が記録されており、それぞれ採集され、命名されています。実際には日本列島への隕石落下も確認されないものもあるでしょうから、もっと多いか

もしれません。もしその隕石に直撃されたら即死でしょう。しかし、そんなことを心配している人はどのくらいいるのでしょうか。本気でそれを心配していたら、だれでも神経が侵され、ノイローゼになってしまうでしょう。でもそんな話を聞いたことはありません。

九万年前の阿蘇山の超巨大噴火は日本列島へ隕石が落下するよりも、桁違いに遭遇する割合は低い現象なのです。したがって、火山体の近くに居住する人々は噴火が発生した場合の火山災害を心配することは必要ですが、一〇〇キロも離れた地域の人々が心配する必要はないでしょう。

注目する火山の「火山防災マップ」が作成されていたら、そのマップが伝えている情報を理解することです。たとえば、二〇〇三年に出版された浅間山の防災マップは小冊子で以下のような内容です。発行は地元長野県と群馬県の六市町村ですので、その地域の全住民に配布されているのでしょう。

タイトルの文言：浅間山火山防災マップ（早わかり）
　ガイドブック
　～活火山・浅間山を知り、火山と共生するために～

このガイドブックの目次：①　浅間山の活動と噴火のしくみ
　②　火山防災マップの読み方のコツ
　・噴火の大きさと危険範囲の目安

・噴火の時に起きやすい災害
・小～中規模噴火の災害予想区域図
・大規模噴火の災害予想区域図
③「火山活動度レベル」と「火山情報」
④普段の生活で注意しておきたいこと

注目点は、ただ危ないと危険を説くだけでなく、噴火形態を説明し、噴火の規模に応じた対応が述べられていることです。このガイドブックを理解することによって、浅間山の噴火活動に応じた対応が必要なこと、むやみに恐れなくてもよいことが理解されるでしょう。天明の噴火は最悪のケースとして紹介されていますが、このガイドブックを見た住民は、冷静に対処する方法を考えられるでしょう。

このガイドブックに名を連ねる長野県御代田町は独自に『浅間山防災マップ』を発行しています。町内で噴火に際して発生が予想される災害や具体的な避難施設などが、新聞紙大一枚にまとめられています。

富士山に関しては山梨県、静岡県、神奈川県が「災害対策山静神連絡会議」を設置して、『富士山火山防災マップ』(平成二一年、二〇〇九)が作成されています。その目的として「富士山では過去様々な規模や種類の噴火が起きており、噴火の場所も山頂だけに限らず、山腹にも数多くの火口が分布しています。このような富士山の噴火の特徴をこのマップから学び、どのような現象がどこまでやってくるのかを十分理解したうえで、的確な防災行動がとれるよう心がけてください」と述べられています。

この時の『富士山火山防災マップ』の策定は二〇〇四年六月、その後の新しいデータを加え、二〇一八年度から改定作業が進められ、二〇二一年三月二六日に改訂版が公表されました。改定された結果は富士山の位置しない神奈川県にも、溶岩流や「融雪型火山泥流」が届く可能性が指摘されました。青木ヶ原の溶岩流の噴出した「貞観噴火」と同じ程度の噴出物だと、その総量は一三億立方メートルになり、神奈川県相模原市（緑区）をはじめ、西部の六市町に到達する可能性があるとの指摘です。これを受けて国はこれらの市町を二〇二二年度には火山災害地域に指定する見通しと報道されました（一口メモ（1）参照）。

貞観噴火は富士山では史上最大の溶岩流が流出された噴火ですが、それでもその到達した距離は山頂から二〇キロ程度でした。それが最大四〇キロになるというのです。富士山の溶岩はハワイの溶岩のように粘性は低くなく、その流れる速度は一日に数百メートルから一～二キロ程度です。それを仮に時速一キロとしても、到着には四〇時間以上かかり、逃げる時間は十分あるのです。神奈川県の住民が命を失うことはまずありません。

また融雪型火山泥流も、貞観噴火での最大到達距離は七キロ程度でした。新しい予測では三〇キロの可能性もあるというのですが、富士山の積雪量でその四倍の距離まで届くのか、疑問です。

論理的には住民の命を守るために最悪のケースを考えるのが正しいでしょう。しかし、そこに地球と人間の寿命のタイムスケールの違いをどのように加味するかは、ほとんど議論されていません。話を聞いても住民の理解が進まない原因の一つです。

このニュースを聞いて、私はどんな資料で何が議論されたかは分かりませんが、「ほんとかな」と疑問に感じました。科学物語として聞いておけばよい、いずれにしても「そんなこともあるかもしれない」と理解しておけば、噴火に遭遇しても命を失うことはないでしょう。M9シンドロームだと感じました。

富士山の防災マップに示されている宝永噴火（一七〇七年）の降灰分布は東京都、千葉県、埼玉県、茨城県にまで及びます。自分の住む近くに火山が存在しないとしても、これらの都県の住民は富士山の噴火には注意が必要です。ただ火山灰が降って困る事象は起こるかもしれませんが、命を失うようなことは起こらないでしょう。ただ恐れる、困るではなく実態を考えての対処が大切です。

いずれにしても、それぞれの火山が過去にどんな振る舞いをしていたか、どんな噴火が発生していたか、その噴火履歴を知ることが、火山災害を防ぐ、あるいは最小限に抑える第一歩です。

2　噴火の予測

現在の火山学では残念ながら、火山噴火予知連絡会が目標としたような「噴火予知」はまだできません。二〇〇〇年の有珠山の噴火のように、これまでの経験から、地震観測や傾斜観測、あるいは地殻変動のデータを見ながら、経験的に噴火予測ができる火山があるだけです。そのような火山は大学の観測所がある火山です。有珠山のほかに阿蘇山、雲仙岳、桜島などは大学と気象庁の協力で、「噴火の予測」ができる可能性のある火山です。各観測所の研究者たちが、それぞれの火山のホームドクター的な役割を果たしてくれます。噴火予知の方程式はなくても、長年その火山に向き合ってきた経験から、専門家としての勘が働き、何らかの異常が発生すれば、分かる可能性が高いのです。異常が判明すればそれに対応した情報を発すれば、少なくとも地元住民は、突然の噴火の悲劇は免れます。たとえその噴火情報が「空振り」に終わっても、仕方がないと許されることだと思います。

しかし浅間山、伊豆大島、霧島山は地震研究所の観測所はありますが、無人になっているのでホームドクターは現地に常駐していませんので対応ができるかどうかは不明です。というより対応はできないと考えたほうが良いでしょう。少なくとも二〇一一年の霧島山系新燃岳の噴火では、地震研究所が噴火を予測していたかどうか私は知りませんが、世の中に公表されなかったことは事実です。地震研究所は観測所を設置した目的を世の中に知ってもらう千載一隅の機会を利用できなかったのです。

箱根山も観測網がありますから、異常現象が起きた時の対応はできる火山です。ときどき発生する群発地震には十分に対応していると思いますが、火山噴火や火山ガスになると、世間への公表は気象庁のようで、外から見る限りその関係がうまくいっているのか否かは分かりません。二〇一五年の噴火と称する現象も観測所があるから気が付かれた現象です（第5章5参照）。

そのほかの火山は気象庁の業務として監視されている火山では観測記録に異常が現れれば、火山噴火に関する情報が発表されるでしょう。しかしその場合も噴火するか否かはほとんど判断できないでしょうから、受け取る側にとっては分かりにくい情報発表になる場合が多そうです。同じように噴火警戒レベルが運用されている火山では、レベル2やレベル3になったら噴火が近づいていると判断すべきです。レベル2の段階で山へ入ることは禁止されますが、これはあくまでも犠牲者を出さないための処置と理解されるとよいでしょう。噴火がはじまってからレベルを上げた例もありますが、基本的には山麓の住民の生活は変わりません。

いずれの場合も火山噴火の事前予測は経験と勘です。しかもそれぞれの火山ごとに、性格が異なりますから、たとえばよく噴火を繰り返す伊豆大島の「火山活動の性質」が、近くの箱根山に適用できるかとなれば、まったくできません。火山噴火の事前予測はあくまでも担当者のその火山に対する経験と勘に依存するので、噴火の履歴が分からない、あるいは履歴がない火山では、勘のみに頼っている現実を理解しておいてください。しかもこの状態は一〇年、二〇年で解決できる問題でないことも留意しなければいけない点です。

3　噴火までの時間

噴火するという情報が発せられたとき、ではいつ噴火するかの判断はどうなるのでしょうか。二〇〇〇年の有珠山の噴火では、噴火の四日前の三月二七日から有珠山周辺の地下では身体に感じない地震が少しずつ増えていました。三日前の三月二八日には最初の有感地震が記録されました。この状況から有珠火山観測所に創設以来勤務している、ホームドクター的な役割の地球物理学者の助言を受け、三月二九日に気象庁が「緊急火山情報」を発表しました。まだ「噴火警戒レベル」運用のシステムのない時代でした。この火山情報を受けた周辺三市町の壮瞥町、虻田町(当時)、伊達市は危険地域に住む住民一万人を避難させました。住民の避難はあらかじめ配布されていた火山防災マップに基づいて順調に行われたと聞きました。

このころのホームドクター的な研究者たちの考えは、噴火が起これば必ず災害は発生する、しかしそれを少しでも少なくすること、犠牲者を出さないことを目標に、地元住民に必要な行動を即すことでした。私は彼らから初めて「減災」という言葉が発せられるのを聞きました。

有珠山は三月三一日、午後一時過ぎに西山の西麓から最初の噴火が発生しました。避難がはじまった二日後です。逆に日ごろから有珠山の噴火に関心を持ち、またホームドクター的な学者は、地元住民に対し日常的に噴火に対する啓蒙活動を続けていた成果が出て、二日間という比較的短い時間での避難に成功したのです。有珠山は記録に残るもっとも古い一六六三年（寛文三年）の噴火以来、七回の大きな噴火を経験し、毎回、有珠山周辺で地震が頻発したあと一〜三日で噴火が起こっていた記録や経験から、このような避難指示、避難行動がとれたのです。

現在の日本では「地震頻発⇒火山噴火のパターン」がもっとも良く分かっていた火山だから、このような結果が出たのです。また一万人の避難行動には二日間ぐらいは必要なことも示しています。有珠山周辺の住民は日ごろから噴火に備えた知識を持つ人が多かったので、順調に避難ができた面もあります。経験のない、あるいは知識の少ない地域では、少なくとも三〜四日間ぐらいの時間的な余裕があったほうが良いでしょう。ただ避難して一週間も噴火しなければ、逆に避難した住民からは不満、不安が噴出するでしょうから、避難開始時期はあまり長くは取れません。

日本ばかりでなく世界中の火山の中で、このようにその噴火前の異常現象が解明されている火山は極めて少ないのです。有珠山の噴火前に住民の避難が完了したのは、むしろ例外的です。どの火山にも適用できるわけではありません。適用できる、できないよりも、それぞれの噴火前に発生する、あるいは現れるかもしれない前兆的な異常現象が分かっている火山はほとんどないのが実状です。

したがって日本の場合は、噴火前に発せられる情報として期待できるのは「噴火警戒レベル」です。運用されている火山で「レベル2」になったら「噴火があるかもしれない」と注意をはじめる時期ですが、噴火に直結しないことも多いでしょう。「レベル3」になったら「噴火が近いから準備をはじめよう」という段階ですが、ではいつ噴火するかは分からない場合のほうが多いでしょう。情報を発する気象庁自身が「噴火を確信できない」場合が多いと考えられるからです。「レベル4」は避難準備、「レベル5」は避難になったら危険地域の住民は全員避難することになります（一三二頁の表参照）が、これまでに噴火警戒レベルに従って避難した例はありません。「レベル4」が出ても、噴火しない場合があるでしょう。

二〇一五年六月に箱根山が噴火したことになっていることはすでに書きました（第5章5参照）。私はこれを噴火とは認めがたいとは考えていますが、火山学の定義では「火口から噴気以外の物質が飛び出したら」噴火です。噴出物の量にも、噴火口にも正確な定義はなされていません。この時の噴火場所は大涌谷と呼ばれる広い地熱地帯で、上空にはロープウエーが通っています。そこには数多くの噴気孔があり、その一つの噴気孔から少量の泥土が噴出していたから「噴火した」と発表されたようです。しかしその時は「レベル2」でした。噴火したあと「レベル3」にしたようです。「噴火」と「レベル」の関係はこんな場合もあるのです（一口メモ（4）参照）。

いずれにしても「噴火警戒レベル」に従っての避難行動はまだ実例がないのです。そのような不確実さが残るシステムだということを理解しておくべきでしょう。

4 噴火のイメージを持つ

活火山の近くに住んでいたら、その火山の噴火について考えてください。まず山体周辺のいろいろな場所から噴煙が昇ったと考え、次第に想像を膨らませていくのが良いでしょう。第4章2で述べたように噴火にはいろいろなタイプがあります。近くの火山が過去にどんな噴火をしているかを知り、どんな災害が起こる可能性があるかも考えるのです。

火山噴火の報道では「水蒸気爆発」という単語がたびたび使われます。火山の噴火では岩石がドロドロに溶けているマグマの上昇によって起こる場合が一般的と考えられるかもしれませんが、マグマが噴出しなくても噴火は起こります。地下水や岩石に含まれる水分が熱せられて、膨張し地表を覆う岩石を吹き飛ばす噴火です。噴出した火山灰や噴石が被害をもたらすことがあります。

水蒸気爆発の大きさ（破壊力）はそれほど大きくはない、火山噴火としては小さいほうと考えられ、噴火後「普通の水蒸気爆発」などと表現されますが、一八八八年の磐梯山の噴火のように、山体の形が変わるほどの大爆発の例もあることは、留意する必要があります。

同じ水蒸気爆発でも、マグマが火口付近まで上昇してきて、地下水が熱せられて爆発したような場合には、噴出物の中に上昇してきたマグマ片が含まれることがあります。このような場合には「マグマ水蒸気爆発」と呼び、水蒸気爆発よりは活動度が高いと考えるのが一般的です。

ブルカノ式噴火は爆発に伴って火山灰や噴石を含む噴煙が高く上昇し、火山灰や噴石を大量に降下させます。溶岩が流出することもありますが、この爆発に伴うマグマは粘性が高く、流れだした溶岩の速さも時速数十メートル程度と遅いです。浅間山や桜島ではこのタイプの噴火が多いです。

プリニー式はブルカノ式噴火よりも規模の大きな爆発的な噴火で、噴煙は成層圏にも達します。マグマの粘性が高く爆発的になると考えられています。爆発力が大きく、大量で高温の噴出物が放出されるので、噴火のエネルギーも大きくなります。噴出物が崩壊して大きな火砕流が発生します。一七〇七年の富士山の宝永の噴火や一七八三年の浅間山の天明の噴火はこのタイプです。

ストロンボリ式噴火は粘性が中程度のマグマが間欠的に小規模の噴火を繰り返します。ときに溶岩の流出もあります。阿蘇山中岳の噴火はこのタイプが多いです。

プレー式噴火は、山頂付近にある溶岩ドームが噴火の衝撃で崩壊し、山頂から山麓に火砕流となって流れ下ります。火砕流は高温の砂礫や火山灰に火山ガスが混じりあった混相流で、流れる速度は時速二〇〇キロにもなり、逃げることはできないような速さです。このような高温の火砕流は熱雲とも呼ばれます。火砕流は一九九〇～九六年の雲仙岳の噴火でたびたび発生し、大きな被害をもたらしたことから、一般にも知られるようになった現象です。当時、溶岩流は理解されていても、火砕流はあまり知られていなかったと思います。雲仙岳の噴火では定点カメラが、火砕流の発生をリアルタイムで記録し、メディアを通じて各家庭の茶の間で見ることができました。

浅間山の天明の噴火で発生し、鎌原村（当時）を埋没させた「鎌原熱雲」は日本では「熱雲」

の代表と云えるでしょう。溶岩ドームの崩壊ではなく、噴出物が混相流となっての火砕流なのでプリニー式の噴火と考えられています。いずれにしてもこの二つのタイプの噴火では、当然大きな火山災害が発生することになります。

日本の火山では以上のような噴火の発生がほとんどですが、同じ火山でも、噴火のたびごとに違うタイプの噴火になることも珍しくありません。火山防災マップが作られている火山でしたらそれに従って、どんな噴火が起こる可能性があるのか、その噴火が発生したらどんな災害が予想されるかなど、着目する火山で発生する噴火のいろいろなケースにつき、付随して発生しそうな現象や災害を考えておくことです。

火山防災マップのない火山については、簡単に見ることのできる資料は『理科年表』の「日本の活火山に関する噴火記録」ぐらいしかありませんが、埋没林が発見されている島根県三瓶山のように、地元に記録が残っている可能性もあるのです。いざというときに自分の身を守ることですから、機会があるごとに、あるいは気が付いた時には対象になっている火山の噴火活動記録を調べて、どんなことが起こったか、もし自分がそのような噴火に直面したらどうするか、考えておくことです。過去に大きな火山災害を受けた地域なら、自治体には必ず何らかの記録が残っているはずです。なるべくなら「考えたこと」が役立たないほうが良いわけですが、自分や家族を含め周囲の人々の生命や財産を守ることになるのです。

5　噴火しないかも

火山噴火予知という視点でみると、火山学は過去五〇年間、ほとんど進歩していません。それ以前は各火山の地質学的な調査は進んでいましたが、地震計を置いたり、傾斜計を置いたりという地球物理学的な研究・調査はほんの一握りの活動的な火山で行われていただけでした。浅間山、伊豆大島、阿蘇山、桜島などがその例です。それぞれ大学が観測施設を有し、学問的な興味を持った研究者が、自分の興味を中心に研究を進めていました。その四つの火山以外の火山で噴火が起これば、主に大学の研究者たちが、その山体周辺で臨時に地震観測を実施していましたが、それらはすべて噴火の後追いで、経験を積む役割は果たしていましが、噴火予知を可能にすることには貢献していませんでした。

メディアは主に大学やそのほかの研究機関の研究者に、その噴火状況なりその後の火山活動の見通しなどを聞く程度でした。意見を求められた研究者も、ほとんどの火山の性質は知らないわけですから、一般論であたりさわりのない意見を述べていたようです。「いたようです」というのは、その頃は私自身、火山活動の知識もなかったので、一応専門家の意見として拝聴していたのでしょう。あまり印象に残ったコメントは記憶にありません。ただ一九五七年の伊豆大島噴火で噴石の直撃を受け死者がでたことに対し、噴火しているときに「山に近づくな」という専門家のコメントが印象に残っています。専門家に云われなくても誰でも分かっていることを、重々しく云われ、不快な念を感じたからです。

火山噴火予知計画の進行や気象庁の「監視・観測体制」導入とともに、各火山の観測体制も充実してきました。しかし、すべての火山が十分な観測体制が整っているとも云えず、また観測体制が整った火山でも、噴火が起きなければ火山活動に関しての経験も積めません。また再三述べているように、どの火山でも、その地下の情報がほとんど得られていないのは、五〇年前も現在も同じです。したがって、火山噴火に関しての方程式はなく、気象庁の担当者の出す情報は「経験」と「勘」に頼らざるを得ないのです。

経験も勘も、それぞれ担当者に依存します。気象庁職員の在職期間は長くても40年、その間のほとんどを火山観測の担当をしたとしても、噴火の経験を積める火山の数は限られます。経験を積みたくても、七〇年間で噴火した火山が三三座では、なかなか多種多様な噴火へ対応できる経験を積むことも大変でしょう。噴火予測の方程式はなくても同じ火山観測所に勤務し、長年、その火山の活動を見てきた人は、おのずと「その火山に対しての経験と勘」は蓄積されます。その結果が有珠山の二〇〇〇年の噴火に際して、直前避難に成功したのです。

観測体制が整ってから、異常が発生した例があります。一九九七〜二〇〇四年、岩手山では群発地震が発生し、東北大学や国土地理院の実施していた地殻変動のデータにも顕著な異常が出はじめました。地震の頻発、傾斜計の大きな変化など、噴火発生を示すに足る十分な前兆でした。しかし、結局噴火は関係者は緊張し、気象庁は臨時火山情報を出して住民に注意を促しました。しかし、結局噴火は発生せず、地震活動も沈静化し、地殻変動の異常も元に戻りました。

二〇〇〇年には磐梯山でも同じようなことが起こりました。火山性地震の群発、低周波地震や火山性微動など、多くの火山で噴火の前に起こる前兆的な現象が多発しました。一八八八年の大噴火も地震の発生からはじまっていましたので、関係者は噴火が起こると緊張を続けていましたが、噴火には至りませんでした。

このように、経験と勘の視点から噴火が発生するに足る十分な前兆的な異常が観測されても噴火が起きない例もあるのです。噴火情報が発せられても噴火に至らない例があることも心にとめておいてください。

逆に、二〇一四年の御嶽山の噴火では、噴火前に二〇〇七年の小規模噴火と同じような群発地震活動が起きていたのに、特別な注意も警報も発せられず、噴火が起こってしまった例もあるのです。これも担当者の経験不足の結果です（一口メモ（3）参照）。

火山学の現状は残念ながら噴火予知はできないのです。科学の限界なのです。

6　行政の対策と個人の対策

火山の周辺の住民は、日常的に火山対策が必要でしょうか、必要なら何をどうすべきでしょうか。火山災害は広範囲で起こりますが、地震災害とは異なり、個人的にできる対策は、地震発生時と同じ程度の避難するときに備えた防災グッズ程度は考えられますが、あまりないように思います。明治時代のように茅葺屋根の多い時代なら、瓦屋根にするなどの個人的な対策が思い浮かびますが、現代では個人にできることはなさそうです。

必要なのは行政の対応です。噴火が発生すれば、どんな噴火か、降灰や噴石がどのくらいの範囲に届くのか、火砕流や溶岩流が噴出するのかなど発生する噴火の状況により、それぞれに必要な対応を考えなければなりません。

噴火が発生する可能性が起こるたびに、住民を避難させるか否か、させるとしたらどの範囲の住民をどこへ避難させるのかがまず基本でしょう。それから火山灰が降下する範囲、その影響を予測しなければなりません。溶岩流や火砕流への対応も必要です。火砕流や溶岩流が住宅を襲う可能性のある場合には、災害規模は拡大します。当然住民の避難先も考えなければなりません。

発生した噴火活動がどのくらいの期間続くかも考えなければなりません。住民に避難勧告を出すのも、それなりの覚悟、見通しが必要ですが、避難解除はさらにいろいろな問題を含みます。

次々に噴火が起これば住民も避難勧告に納得するでしょうが、噴火が発生しても、住民に被害が起こらない程度なら、いろいろ制約の多い避難生活ではなく家に戻りたいと希望する人が増えてくるでしょう。火山活動が継続していても、ときどき降灰がある程度なら、とにかく帰りたいと希望する住民と、帰宅させた後に発生した噴火で災害が発生したらと考える行政との間には、摩擦や葛藤が起こるでしょう。

日本の地方自治体は程度の差こそあれ、地震対策は必ず立案すべき事項です。火山災害への対応を考えなければならない自治体の数は、必ずしも多くはありません。しかし、その対応は地震対策よりははるかに多岐にわたり、考慮しなければならない課題が多いのです。

火山防災マップを作成し、周辺住民へ噴火した場合の危険性を啓蒙するのが、最低の対策でしょう。火山防災マップは一度作成したからそれで充分に将来の噴火に備えられていると考えるのは安易すぎます。環境の変化に応じ、火山噴火による災害形態も変わってきます。少なくても二〇年に一度ぐらい、活動的な火山では、できれば一〇年に一度ぐらいは既刊の火山防災マップを改定し、科学的知識にも、火山体周辺の環境変化にも対応した内容のマップを準備するのが良いでしょう。そして火山防災マップに基づき、少なくても数年に一度ぐらいは、対象とする火山の情報を住民に知らせ、予想される火山災害とそれへの対応を啓蒙しておくのです。

活動的火山でも、噴火活動は何十年に一度、あるいは何百年に一度あるかないかの割合で、極めて珍しい現象です。多くの人にとって、その火山の噴火に遭遇する割合は極めて低いのです。万全の対策を取ろうと、住民に対策のあれこれを強制するよりも、噴火に遭遇することの割合が極めて低いことを理解させ、相応の対策を取るのが本当の意味での能率的な火山噴火対策です。

7　何が起こりどうすべきか

日本人のどのくらいの人が火山噴火に脅威を感じているかというような調査があるかどうか知りませんが、日常的に火山噴火の心配をしている人はおそらく全人口の一〇パーセントもいないでしょう。もしかしたらその割合は一パーセント以下かもしれません。なぜなら火山国日本とは呼ばれても、毎年噴火しているのは六活火山程度です（第6章4参照）。しかも、その噴火活動をしている火山の三〇〜四〇パーセントは島や海底火山です。西之島のように二〇一三年から二〇二〇年まで毎年噴火し続けてはいますが、無人島ですから住民はいません。

桜島もほぼ毎年のように噴火を繰り返しています。島外の鹿児島市にも灰を降らせて住民を困らせてはいますが、火山災害と呼べるほどのものではなさそうです。桜島と同じように薩南諸島の島々も毎年のように噴火を繰り返してはいますが、島の住民の数はそれぞれ数百から数千人程度です。二〇世紀にはそれぞれ複数回噴火を繰り返している伊豆大島や三宅島を考えても事情は同じです。

住民のいる島々での噴火は、すでにそれぞれの自治体で火山活動によって起こされる、災害対策は出来上がっているようです。そして最悪の噴火になれば全住民を島外に避難させるという手段を取っています。「自分たちは火山島に住んでいる、噴火が起こり命に危険がありそうなときは島外に避難する」という対策で十分ではないでしょうか。危険な島だから人を住まわせるなという意見もあります。しかし自分が生まれ育った故郷を捨てろということは、他人が軽々しく口にすべきことではないでしょう。青ヶ島のように一度は無人島になっても、また住民が戻っているのです。島の場合は島民の数も限られ、しかも火山活動を理解している人たちですから、火山噴火に対する対応はできていると考えます。

島以外の活火山への対応はどうなっているのでしょうか。二〇一四年の御嶽山の噴火では五八名の死者と五名の行方不明者が出ています。二〇一八年の草津白根山でも一名が亡くなっています。この二つの噴火では登山者や山中で仕事をしていた人が被害にあっていますが、山麓にまで被害は及んでいません。二〇一〇〜二〇一九年の一〇年間を見ても、浅間山、阿蘇山、霧島山などでも噴火が起きていますが、山麓には目立った被害は発生していません。

日本の交通事故の死者は、二〇世紀の間は、年間一万人を超えていましたが、近年は五〜六千人程度、二〇二〇年は初めて三〇〇〇名を下回ったと報じられています。減少はしてきていても火山噴火による死者はその一〇〇〇分の一以下の割合です。これらの数字をどう見るかですが、私は「火山噴火は恐るに足らず」だと思っています。

史上最悪の「天明の大噴火」を起こした浅間山でも、その後二四〇年、何回かの噴火で山麓でも大きな被害が出た例もありますが、死者の出る割合は同じ程度で極めて低いのです。火山の麓に住んでいる人にとってもその程度ですから、火山のない近畿、四国、中国の瀬戸内側の人々にとっては、火山災害はニュースとして聞くことはあっても、自分が遭遇する心配はしていないでしょう。

火山噴火も多くの日本人にとっては、一生のうちに一度、遭遇するかしないかの珍しい自然現象なのです。山麓に住んでいる住民は、それでも最悪の事態を想定し、もし火山噴火が起こったら、過去に火砕流や溶岩流が発生したことがあるか、発生したことがあれば、自分の住んでいる地域が襲われる可能性があるかなどを、理解しておいたほうが、そのようなことが起きてもあわてないですむでしょう。

火山地帯に住んでない人は、旅行をするときなど、訪れたり近くを通過したりするとき、その火山が過去にどんな振る舞いをしたかを、ガイドブックなどから知識を得ておけば、日本人として火山に対する知識が、自然に身につくでしょう。

伊豆や小笠原以外には火山のない東京都民や、埼玉、千葉、茨城県の住民は富士山が大噴火を起こせば、降灰の被害が起こる可能性があります。降灰が積もると日常生活にいろいろ障害が出ることが予想されますが、実際何が起こるのか、これまでに経験をした人がいないのですから分かりません。特に近代都市が大量の降灰に見舞われた例はありません。行政が中心になって考える問題だと思います。

8　気軽に考えましょう

日本列島は地震列島、火山列島と称されるように、ひとたび大地震の発生や、火山で大噴火が起これば、大きな災害が発生します。命の危険に直面することもあります。メディアも危険を強調し報道し、意見を求められ出演した火山学者も可能性のあることないこと、自分の持てる知識を駆使して、危ない、危険と連呼します。しかし、私はかねてから、このような世間の風潮に疑問を持っていました。

誤解のないようにまず記しますが、「大地震、大噴火が発生しても安心」と主張しているのではありません。地震国、火山国に住む日本人でも、「大地震や大噴火に遭遇するのは一生に一度あるかないかの珍しい出来事」であることを理解して欲しいのです。

大地震に関し私は次のように主張します。「例外はあるが日本列島で震度6や震度7の大地震に遭遇するのは珍しい出来事」で、その例外とは現在は二〇一一年三月東北地方太平洋岸沖地震（M9・1）発生以来の東北地方太平洋沿岸地域で、二〇一一年から一〇年間ぐらいは大きな余震で震度6の揺れに複数回見舞われることがあると考えています（『あしたの地震学』青土社、二〇二〇、『次の首都圏巨大地震を読み解く』三五館、二〇一三など参照）。事実、超巨大地震の余震はかなり起こり、震度6の報道もありました。最近（二〇一八〜二〇二〇年）は大きな余震も激減していましたが、発生から一〇年が経過した二〇二一年二月には、福島県で最大震度6弱を、三月には宮城県で最大震度5強を記録する余震が、それぞれ福島県沖、宮城県沖で発生しているのです。

噴火についても同様に考えています。有珠山、浅間山、伊豆大島、三宅島、阿蘇山、桜島、薩南諸島の島々のように、二〇世紀の間に複数回以上の噴火を起こしてはいます。このような火山の麓に住む住民は、噴火のたびに不安になることも多いとは思います。すでに述べたように火山島の住民は、ひとたび噴火が起これば全島民が島の外に避難しなければなりません。しかし、火山島以外の火山では、住民が避難しなければならないような噴火はほとんど発生していません。観光や登山で火口近くにいなければ、噴火に遭遇しても噴石の直撃を受ける心配もありません。山麓住民もその程度ですから、山体から一〇〜二〇キロも離れれば、ほとんどの場合、被害を受けなくてすむのです。

二〇世紀には大きな被害をもたらせた雲仙岳の噴火も、およそ二〇〇年ぶりの活動なのです。近畿、四国、中国地方の瀬戸内側には火山が存在しませんから、住民は火山噴火の心配も不要です。

このように過去を振り返ると、自分が火山噴火の危機に直面する可能性が極めて少ないことが理解されるでしょう。

しかし、火山の専門家の中には「危険をあおるような表現」を繰り返す人がいます。「いったん噴火したら影響は周囲（観光地や温泉）に及ぶ、広い範囲で注意が必要な山である」というような調子で注意を喚起し、その危険性を吹聴します。このような論調のキーワードは「いったん噴火したら」です。その「いったん」はどのくらいの時間があるのでしょうか。ここに地球のタイムスケールと人間のタイムスケールの違いが入ってきます。火山の「いったん」は数十年以上、数百年かもしれません。活火山といえどもその半分近くは有史以来噴火の記録がないのです。地質学者はそれでも三〇〇〇年前を「たった三〇〇〇年前」と表現するのです。「たった三〇〇〇年前」を「縄文時代」と表現したら、ほとんどの日本人は自分には関係ない時代と解釈するでしょう。

火山噴火の危険を説く学者の発言には、このようなマジックが隠されているのです。火山周辺に住む人も、離れて住む人も、その生活感覚は自分の生きている時代に噴火が起こるか否かです。「これから五〇年以内に噴火するか」と問われた場合、ほとんどの火山は噴火しない、たとえ噴火しても地元住民に災害をもたらす噴火ではない場合がほとんどなのです。

火山噴火の実態を知り、あまり心配せず、つまり「敵（火山）」を知り、己（周辺の環境）を知ることにより、活火山と云えども心配しなくてもよいことが理解されるでしょう。「火山の恩恵（例えば温泉）を享受し気楽に過ごしましょう」を結語とします。

一口メモ（4）ロープウエー運航停止は正しいのか

箱根山では二〇一五年六月に極めて小規模な噴火が起きたので、噴火警戒レベルが2から3に引き上げられました。レベル3の状態が一一月まで続き、そこでレベル1になり、長期間運休していたロープウエーもようやく運航が再開されました。一部の識者は「年末に向け地元経済を優先し、安全を無視した判断」と、このレベル変更を批判していました。しかし私は逆に、箱根山がM9シンドロームからようやく解放されたと考えました。箱根山の噴火警戒レベルの設定がそもそもおかしいのです。経験と勘で決められますから、観光客に被害があってはと、網掛けをするのでしょうが、箱根山を知っている人だったら、違う判断をしていたと思います。

まず箱根山が噴火したという事実に疑問があります。二〇一五年の噴火では「大涌谷での小規模な水蒸気爆発」と『理科年表』にも掲載されています。水蒸気爆発と呼べるのかどうかも疑問の現象ですが、この記述を五〇〇〇年後、一〇〇〇〇年後に読んだ人は、本当に大涌谷から噴煙が上がり、灰や泥、岩塊や礫などが噴出した、三〇〇〇年ぶりに（あるいは解釈によっては大涌谷での一三世紀以来の）噴火したと解釈するでしょう。

ところが一九九五年に発生した大分県鶴見岳で泥土が噴出し、大きさが数メートル規模の泥火山が生成されたのは噴火とは認めていないらしく、『理科年表2021』にも掲載されていません。現象としてはこの泥火山生成のほうが大きな出来事だと思うのですが、泥土が噴出しているのですから噴火と解釈してもよいと考えますが、どのレベルの判断か分かりませんが、とにかく噴火とは認められていないのです。

箱根山の場合そのような小規模の現象にも噴火警戒レベル3が出され、半年間も継続したのです。

レベル1でも観光地の大涌谷では立ち入り禁止区域が設けられていますが、レベル2になると大涌谷の上を通っているロープウエーも運行されなくなります。観光客は箱根火山の現在の生きている姿が見られる、大涌谷の景観を上空から見られる機会が失われてしまうのです。

二〇一五年の場合もレベル3になっても大きな変化は起こらず、地震活動も終息に向かいました。私は「箱根火山では群発地震が多発し、火山ガスも出ることがある」ので、この二つに注意すれば安心して観光ができると考えています。地元に生まれ育ち、子供のころから遊びに行っていた土地に対する経験と勘に多少の地球物理学的知識を加えた私自身が日ごろ考えている結果でもあります。

箱根山は日本の火山の中では、観測網の整備されている火山です。天気予報ほど詳しくなくても、「今日は異常現象が出ているからロープウエーは運航停止」というようなきめの細かい注意を出してほしいです。法律上の規則もあるでしょうが、神奈川県の温泉地学研究所もあるのですから、火山噴火予知の実験場所ととらえて、未来を見据えた対応をすべきと常々考えています。

補章　各火山の診断

現在日本列島で一一一座と考えられている活火山の中でも、活動度が高いと思われる火山について、その概要を述べておきます。

活火山の話、火山の活動の度合いを述べるときは、活火山の分類（ランク付け）とその時の火山活動度を示す噴火警戒レベル分けの説明が不可欠です。火山の分類では活動度が高い順にA、B、Cと分類されています。このランク分けは時間軸では急な変化はありません。火山活動度は噴火警戒レベルのもっとも低いレベル1から、避難が必要なもっとも高いレベル5までの五段階で示されます。そのレベルはそのときどきの火山活動の状態によって、時々刻々に変化する値です。

1　北海道の火山

北海道の火山について述べるとき、北方四島の中の国後島、択捉島の火山は欠かすことができません。『理科年表2021』（丸善）には両島で一八座の火山が示され、このうちの一〇座が活火山です。しかしながら、現状はロシアが実効支配をしており、日本の研究者による自由な研究・調査はできない状況なので、本書では北海道本島付近の火山だけの言及にとどめます。ただし、日本の一一一の活火山の中には、北方四島の一〇の活火山も含まれます。

千島列島の延長線上にある火山群は、太平洋プレートの沈み込みにより形成された千島海溝と対になる形で、ほぼ北海道内の東北東―西南西の線上に分布しています。もっとも古い噴火記録でも一七世紀で、東のほうの火山に関しては一九世紀以後になります。

知床硫黄山（ランクB、一五六二メートル）は知床半島の最大の火山で、二四万年前から活動をはじめたようです。山頂には爆裂火口が二つあり、火口壁上には溶岩ドームが生成されています。これまで四回の噴火が記録されていますが、しばしば大量の溶融状態の硫黄を噴出し、世界のほかの火山と比べても珍しい噴火様式の火山です。

羅臼岳（ランクB、一六六一メートル）は知床半島中央部にある成層火山で、過去二二〇〇年間に三回の活動期間があったと考えられています。およそ一四〇〇年前にはプリニー式噴火が発生し、五〇〇年前には火砕流が噴出した活動がありました。

溶岩ドームのカムイシュ島のある摩周湖

摩周（ランクB、八五七メートル）はおよそ七〇〇〇年前に日本列島最大の屈斜路カルデラ（現在の大きさ：東西二六キロ、南北二〇キロ）の東壁上にあった成層火山が大規模な噴火を起こし、摩周カルデラ（東西五・五キロ、南北七・五キロ）として生成されました。摩周カルデラの底には摩周湖が、その南東岸には摩周岳が位置しています。摩周岳は三五〇〇〜一五〇〇年前に軽石や火山灰を噴出する噴火の繰り返しによって形成され、湖の中には溶岩ドームのカムイシュ島が出現しました。およそ一〇〇〇年前にはプリニー式の噴火が発生しています。

アトサヌプリ（ランクC、五七四メートル）は屈斜路カルデラの中、弟子屈町にあり、観光道路のわきにある観光地で、少なくとも私が初めて訪れた一九五五年ごろは「硫黄山」と呼ばれていました。近年は有感地震を含む多くの地震活動が認められていますが、噴火は起きていません。アイヌの人たちは文字文化がなかったので、正確な記録は残っていませんので、最後の噴火は数百年前の水蒸気爆発とされていますが、今でも活動している火山であることを、観光に行く場合でも忘れてはいけないでしょう。

雌阿寒岳（ランクB、一四九九メートル）は阿寒カルデラ（長径二四キロ、短径一三キロ）の南西壁上に生じた成層火山群です。山頂域のいくつかの噴火口から小規模な噴火が繰り返され、山麓に火山灰が堆積し、泥流が発生したこともありました。一九二七年以降の八〇年間に噴火は三十数回、地震の頻発や有色噴煙の噴出も三〇回以上起きています。

樽前山（ランクA、一〇四一メートル）はその北側の恵庭岳（ランクC、一三二〇メートル）とともに支笏カルデラの南端に位置し、一九〇九年の噴火で形成された山高帽のような特異な形の溶岩ドームは南側を走る室蘭本線の車窓からもよく見え、観光客に強い印象を与えています。およそ九〇〇〇年前から火山活動が始まり、何回かの消長を経て今日に至っています。一七世紀以後の火山活動は活発な傾向がみられ、一九世紀、二〇世紀を通じて四〇回以上の噴火や異常が記録されています。

羊蹄山（ランクC、一八九八メートル）は「蝦夷富士」とも称せられる美しい成層火山です。山頂には直径七〇〇メートルの火口、西北西斜面には北山火口をはじめとする側火口が並び、山麓には火砕丘が点在しています。およそ五〜六万年前からの活動で形成され、活発に噴火が繰り返され、溶岩流も噴出しました。その後の活動は側火口が中心で、一万年前以降も噴火があったと考えられていますが、有史になってからの活動は確認されていません。

恵山（ランクB、六一八メートル）は渡島半島の南東端に位置し、その活動は四〜五万年前にはじまり、一万年前までに現在の山体は形成されました。八〇〇〇年前には大規模な火砕流が発生し、現在の恵山溶岩ドームが出現しました。一八四六年の噴火では泥流が発生し、死者も出ています。

渡島大島（ランクB、七三二メートル）は渡島半島の西側の日本海に浮かぶ火山島です。海底からの高さが二三〇〇メートルの成層火山で、直径四キロの無人島です。一七四一年の噴火では大規模な山体崩壊と岩屑なだれの発生により大津波が発生し、渡島半島西岸や本州の日本海側に死者一四八七名、流失家屋七九一棟の被害が出ました。

1　箱庭的風景の創出・北海道駒ケ岳

北海道駒ケ岳（ランクA、一一三一メートル）は三万年前に活動を開始した成層火山で、山頂には南北一・五キロ、東西二キロの東側に開いたU字型の火口原があります。およそ五〇〇〇年の休止期間の後、一七世紀になって火山活動が再開しました。以来二一世紀の今日まで、五〇回以上の活動が記録されています。火口原には数個の小火口が点在し、一九四二年の噴火では、一九二九年の噴火で生じた大火口を通じて大きな亀裂が生じています。

一六四〇年（寛永一七年）七月三一日に大噴火が発生し、昼頃に山頂の一部が崩壊して岩屑なだれとなって東側と南側の斜面を流れ下りました。東側の流れは内浦湾に流れ込み、大津波が発生して沿岸住民約七〇〇名が犠牲になったと伝えられています。八月二日までは軽石や火山灰が噴出を続け、火砕流も発生しました。火山活動は八月下旬には終息しましたが、内浦湾に面した出来澗崎はこの時形成されました。

南側に流れ下った岩屑なだれは川を堰き止め、大小の湖沼が出現し、現在の大沼、小沼の箱庭的な美しい景観が創出されました。大沼に点在する小島は、岩屑なだれの土砂が堆積したものです。

一八五六年（安政三年）九月二三日から山麓周辺で鳴動がはじまり二五日早朝からは地震が起こりはじめ、九時ごろから激しい噴火が発生しました。噴火はプリニー式で東麓や南東麓では大量の軽石や火砕流で被害が出ています。

北海道駒ケ岳とその噴火によって出現した大沼

一九二九年六月一七日午前〇時三〇分ごろから噴火がはじまりました。午前一〇時ごろに鳴動とともに大噴火が発生し、一一時には噴煙は一万三九〇〇メートルの高さに達しました。噴き上げられた噴出物は午後から降下をはじめ、火砕流も発生して大災害となりました。二三時には噴火活動は急速に衰え、一九日には火口付近はほぼ正常な状態に戻りました。噴石、軽石の降下、火砕流などにより、家屋の焼失、全半壊、埋没などが一九一五棟余りに達し、山林や耕地も多くの被害を受けました。

一九四二年一一月一六日午前八時ごろ、鳴動とともに噴火がはじまりました。噴煙は八〇〇メートルに達し、噴出物は南東方向へと降下し、堆積した火口原には大亀裂が生じました。

この噴火以後も、地震の頻発や噴煙量の増加などが繰り返し発生しています。

一九九五年三月五日にも地震が五回観測された後、噴火が発生しました。この時の噴出物の総量は一二万トンと見積もられています。

二〇〇〇年には七月ごろから噴気活動の活発な日が現れだし、八月一一日には付近で有感地震が起こりだしました。九月四日に噴火が発生し、火口原に直径一メートルの岩塊や人頭大の噴石が多数落下しました。九月二八日、一〇月二四日にも小噴火が起こり、火山灰の噴出が確認されています。一〇月二八日の噴火では直径数センチメートルの噴石やサージ堆積物が認められ、一一月八日にも小噴火が起こり降灰を認めています。

二〇〇一年、二〇〇二年にも地震の群発や火山性微動の発生などの異常が観測されています。

一九八一年には駒ケ岳周辺の五町の自治体が将来予想される大噴火に備え、全国に先駆けて「ハザードマップ」を作成し、全戸に配布しました。

2　三十数年間に二つの新山出現の有珠山

有珠山（ランクA、七三三メートル）は洞爺カルデラの南側に噴出した火山で、一九一〇年と一九四三～四五年にかけ山麓に二つの山が出現したことで知られています。直径一・八キロの外輪山を持ち、およそ二万年前から一万年前に形成された古い火山と、山頂付近と山麓に数多く分布する溶岩ドームで構成されています。山頂の溶岩ドームのために、樽前山と同じように遠方から異様に見える山体が特徴的です。

有珠山は数千年も活動を休止していたようですが、一七世紀に入り活動を再開、二〇世紀最後となる二〇〇〇年の噴火（第5章3参照）まで、八回の活動を記録しています。各噴火活動は古文書にも残され、北海道の火山としてはその活動経過がかなり詳しくわかっています。特に一九一〇年の噴火での大森房吉の調査から、近代科学の目で調査がなされ、世界的に見ても調査・研究の進んでいる火山です。

数千年間の静穏期の後、一六六三年（寛文三年）八月一二日、有珠山周辺では地震が起こりだし、一六日早朝には山頂からの噴火がはじまりました。一七日には地震も噴火も激しさを増し、噴煙は柱のように山頂から上昇し、軽石や火山灰が多量に噴出して山麓の家屋は火災となり、逃げ遅れた五名が犠牲となりました。東にほぼ四五キロ離れた白老でも噴出物は一メートルの厚さに、一〇〇キロ離れた日高地方でも一〇センチも堆積していました。降り積もった噴出物の総量は二立方キロと見積もられ、その大量の量が二日間の短い時間で噴出したのです。この噴火はプルニー式でした。

その後一〇〇年間は静かでしたが、一七六九年（明和六年）一月二三日、鳴動と地震の頻発がはじまり、有珠山の山頂からの噴火が発生しました。南東斜面に向けて爆発とともに火砕流が発生し民家を焼き尽くし、四三名が亡くなりました。この時の火砕流の堆積物は「明和火砕流」と呼ばれています。

一八二二年（文政五年）三月九日、有珠山の山麓で地震が頻発しはじめ、一二日からは山頂で噴火がはじまりました。噴火は次第に激しくなり、二二日には山麓まで火砕流が流れ下り、二四日には噴火の最盛期を迎えました。発生した大きな火砕流は南東麓から西麓にかけて森林がすべて焼き尽くされ、南西麓の海岸付近の集落は焼失し、八三名が亡くなり、農耕馬多数も死ぬという大惨事となりました。噴火は三〇日間も続き、山頂火口内には溶岩ドームが出現し、発生した火砕流は現在「文政火砕流」と呼ばれています。

三一年後の一八五三年（嘉永六年）四月一二日ごろから有珠山周辺で地震・鳴動がはじまりました。地震の発生は次第にその数が増え、二二日には山頂の頭部で噴火を開始、爆発とともに火砕流が発生し、一週間後にはその発生が最大となり、月末まで続きました。山頂火口内には現在「大有珠」と呼ばれている溶岩ドームが出現し、山麓からでも夜間はドーム全体が赤く見え、二年後でもあちこちから噴煙が上がっていました。発生した火砕流は山体の東側や北側に堆積し「嘉永火砕流」と呼ばれていますが、集落のない地域だったので大災害は免れました。この噴火もプルニー式です。

これら四回の噴火はいずれも山頂火口から噴出したプルニー式でしたが、二〇世紀に入り新しい型の噴火が発生しました。山麓からの噴火です。

一九一〇年（明治四三年）七月一九日、有珠山周辺で地震が発生しはじめました。二四日には最大の地震が発生し、レンガ造りの倉庫が半壊したり液状化現象が現れたりと、北東方向六〇キロ、南西方向一四〇キロの楕円形の範囲で揺れを感じました。

地震発生から七時間半後の二二時ごろ、有珠山北西麓の金比羅山で噴火がはじまりました。小さな爆発でしたが灰や小石を噴出、直径二五センチの石が火口から四〇〇メートル離れた金比羅神社にまで飛ばされていました。

その後も新しい噴火口から次々に水蒸気爆発が起こり、その範囲は北麓の西丸山から東麓の東丸山まで、総延長二・七キロに及びます。岩石は火口から数百メートル飛ばされ、降灰の範囲は周辺数キロに及びましたが、その量は多くありませんでした。二八日一〇時ごろ、西丸山南側から新しい噴火がはじまり、泥流が流れ出し、時速四〇〜五〇キロで八〇〇メートル先の洞爺湖へ達し、一名が犠牲になりました。

一つの火口からの噴火活動はただ一回の爆発で終わることはなく、数時間から一日、数日から二週間も続きました。黒煙を噴き、灰を降らせ、水蒸気を噴出し、また黒煙を噴くというように千変万化でした。

八月二〇日ごろになって、噴火している地域の土地が噴火前に比べて高くなっていることに気づかれ出しました。九月三日、四日にも大きな爆発が起こり、新しい噴火口が出現しました。土地の隆起も続き、山麓では家屋の倒壊もはじまりました。

一〇月に入り爆発は沈静化し、隆起活動も休止状態になりました。そして有珠山北麓の西丸山

－東丸山一帯が東西二七〇〇メートル、幅六〇〇メートルにわたり急激に隆起していることが確認されました。隆起した地域では老木が火山灰に覆われながらも倒れることなく立っていました。

一一月八〜九日、隆起した新山の測量が行われ、噴火前は洞爺湖の湖面から五五メートルの高さだった地点が二一〇メートルとなり、一五五メートルも隆起したのです。ただし翌年四月の再測では、最高時より三六メートル低くなっていました。新山は「明治新山」あるいは明治四三年に出現したので「四十三山（ヨソミヤマ）」と呼ばれています。

一一月一〇日の調査では、直径三〇〜二五〇メートルの大きさの噴火口が少なくとも四五確認されました。一連の噴火活動期間はおよそ一〇〇日間で、最初に地震が発生し、続いて噴火が起こり、その結果新山が生まれました。洞爺湖の湖畔には現在の洞爺湖温泉が湧出しました。大森房吉は日本の火山噴火史上初めて、山体周辺で地震観測や測量を行い、火山噴火に近代科学の観測機器が導入されました。

一九四三年一二月二八日、有珠山周辺では三三年ぶりに地震の頻発がはじまりました。その後、地割れや土地の隆起が起こり、噴火の発生へと続きました。そして東麓の麦畑の中に溶岩ドームが現れ、新山が誕生しました。この新山は「昭和新山」と命名されましたが、一連の活動が一九四五年九月まで続きました。当時の日本は第二次世界大戦末期から終戦に至る混乱期で、東京大学地震研究所や北海道大学などの研究者たちも、有珠山の火山活動が起きていることを知っても、観測や調査に出向くこともできない社会情勢でした。しかし、地元の郵便局長だった三松正夫の熱意と創意工夫による観測と調査が継続され、火山活動により「一つの山の誕生が完全に記録された」世界で初めての貴重な資料が得られたのです。

後日三松は『昭和新山』（講談社、一九七〇）にその詳細を著しています。時代を経ても興味のつきないドキュメンタリーとなっています。

有珠山とその東（画面右）に位置する昭和新山

一般に昭和新山生成の過程は三期に分類されています。三松自身がそのように分類し、研究者たちもそれに従っています。

活動前期（先噴火期）：一九四三年一二月二八日〜一九四四年六月二二日

一九四三年一二月二八日に有珠山周辺で地震が頻発をはじめ、一九四四年に入ると、その震源域は移動をはじめるとともに、東麓では地盤の隆起が確認されはじめました。六月二二日には一日の地震総数は二五〇回に達し、隆起量も一日で一五〇センチに及びました。

爆発期：一九四四年六月二三日〜一九四四年一〇月三一日

六月二三日午前八時一五分、畑の中に生じた地割れから音もなく噴煙が立ち昇りはじめ、間もなく轟音とともに大爆発が発生、大量の噴出物の放出がはじまりました。三松によれば一〇月の末までに「七個の火口をつくり一七回の大爆発と無数の小爆発が発生」していました。地盤の隆起も続き標高一二〇～一五〇メートルの畑地に、海抜二五〇メートルの「饅頭型の小山（屋根山）」が形成され、付近の地形は一変しました。七月中旬から八月中旬の間の隆起量は一日に二メートルにも達し、期間中の最大値でした。

溶岩塔推上期（溶岩ドーム形成期）：一九四四年一一月一日～一九四五年九月

この期に入ると噴火は全く発生せず、屋根山中央部の新火口の中から溶岩が現れはじめたのです。三松は「いよいよ昭和活動の本体、固形溶岩推上期に入る」と記しています。溶岩ドームの成長はその後も続きましたが一九四五年九月には地震活動も終息し、ドームの成長も止まりました。海抜四〇七メートルの新ドームは「昭和新山」と命名されました。昭和新山の成長は三松が窓枠に糸を張って、スケッチするという努力の結果、その過程が一枚の図の上に表示されました。その図は「ミマツダイヤグラム」と称せられ、世界中の火山の教科書には必ずと云ってよいほど掲載されています。三松は新山周辺の土地を自費で買い取り、昭和新山は現在個人の所有物となっています。

わずか三五年の間に有珠山周辺には二つの新山が形成されたのです。明治新山は地下でマグマがドーム状に上昇し、地面を押し上げて形成されましたが、マグマが地表面に現れることなく、山体表面には立木がそのまま残っていました。昭和新山はマグマが地表を突き破って現れ溶岩ドームを形成したのですから、明治新山とは比較にならない大きなエネルギーを放出しているのです。

この二つの山麓噴火の後、有珠山の噴火活動は再び山頂付近から起こりました（第5章3参照）。

3　噴火が融雪泥流を起こす十勝岳

十勝岳（ランクA、二〇七七メートル）は北海道の中央部に位置する活火山で、十勝岳連峰の主峰です。およそ三〇〇〇年前に最大規模の火山活動が発生し爆発的な噴火が繰り返され、山体崩壊が起こり、火砕流も発生しています。約五〇〇〇年前からは中央火口丘からの溶岩流出があり、現在の活動もその延長線上にあります。二〇世紀以後今日まで小規模の噴火や地震の頻発は四〇回を超しています。

一九二六年五月二四日に発生した噴火は規模としてはごく普通の噴火でしたが、火山からの高温の噴出物が積雪を融かし火山泥流が発生しました。発生した火山泥流は二五キロ離れた上富良野の街へ時速六〇キロの速さで流れ下ったのです。この時の泥流は「大正泥流」と呼ばれています。このように高温の火山噴出物が積雪を融かして発生する融雪型の火山泥流は標高が高く常に雪をいただく南アメリカのアンデス山脈の火山でもしばしば発生し、山体からはるかに離れている町に高速で流れ下り、大きな災害をもたらすので恐れられています。

大正泥流では二つの村落が埋没し、死者・行方不明者一四四名、負傷者二〇九名、流失・破壊家屋三七二棟、山林耕地にも大きな被害が発生した大災害でした。この時の十勝岳の噴火はその後も続き、九月の噴火でも行方不明者二名が出ており、終息したのは一九二八年一一月になってからでした。

一九六一年にも十勝岳は大きなブルカノ式噴火をし、一九六二年六月には噴煙は一万二〇〇〇メートルの成層圏にまで達しています。偏西風に乗って火山灰は知床、千島にまで及び爆発音は一九〇キロ離れた地点でも聞こえました。噴石により火口縁にあった硫黄鉱山の事務所が破壊され五名が犠牲になり、一一名が負傷し、周辺の山林・耕地にも被害が出ました。この噴火は火山活動のエネルギーとしては一九二六年の噴火よりも大きかったと推定されています。

一九八八～一九八九年にもマグマ水蒸気爆発が起きました。地元住民は一時避難をした人もいましたが、爆発規模が小さく被害は出ませんでした。

4　層雲峡の景勝創出・大雪山

大雪山（ランクC、旭岳二二九一メートル）は十勝岳連峰の北東およそ四〇キロに位置する火山群の総称で、北海道の最高峰の旭岳、第二位の北鎮岳（二二四四メートル）などがそびえています。古文書による噴火の記録は残っていませんが地質学的な調査では二五〇〇年前ごろに噴火が起こったとの推定があります。

地質学的に見た大雪山の火山活動は三万年前にさかのぼります。このころ大雪山の中心付近で大きな噴火が発生し、大量の火砕流が東側に流れ出し大きな台地が形成されました。この台地を石狩川が侵食して出現したのが、景勝地の層雲峡です。切り立った層雲峡の両岸には柱状節理が発達し、観光客を楽しませてくれます。柱状節理は溶岩が冷えて固まる時に柱状の節理となり、火山が創造した自然の風景の一つです。有名なのは福井県の東尋坊かもしれませんが、この地形は日本列島の至る所、特に岩石海岸などで見られます。

活動度が低いと予想されるランクCの火山ですが、観光地でもあり、気象庁が地震計、傾斜計、空振計、監視カメラなどを設置して、火山活動を常時観測している火山です。

2 東北地方の火山

東北新幹線で東京から青森に向かう電車からは東北地方に並ぶほとんどの火山を車窓から望見することができます。日本海側にも岩木山、鳥海山の美しい成層火山が並んでいます。東北地方にも温泉が多く、そのほとんどは火山帯の周辺にあります。ランクAの火山こそありませんが、多くのランクBの火山が点在し、ときどき噴火を発生させ災害を引き起こしています。

恐山（ランクC、八七九メートル）は本州最北端の下北半島に位置し、直径三キロのカルデラを有する成層火山です。カルデラの中心の宇曾利湖のほとりの噴気地帯は地獄に見立てているのか、三途の川と称する川があり霊場になっています。しかし過去一万年間に噴出した堆積物は見つかっていません。

岩木山（ランクB、一六二五メートル）は山頂域に直径八〇〇メートルの破壊された火口があり、それを埋めるように二つの溶岩ドームがあります。青森県西部で美しい山体を見せる成層火山は「津軽富士」とも呼ばれています。有史以後の噴火は水蒸気爆発で、泥流が発生したこともあります。北東山麓地域一帯で、しばしば群発地震活動が起こります。

八甲田山（ランクC、大岳一五八四メートル）は青森県中央で南北一六キロ、東西一五キロの地域に一八の成層火山や溶岩ドームが並び、最高峰の大岳付近には活発な噴気孔があり、一三〜一四世紀に一回、一五〜一七世紀に二回水蒸気爆発が起きています。この火山周辺では火山ガスが多く、死者も出ています。一九九七年には窪地に滞留していたガスにより、訓練中の自衛隊員三名が死亡する事故が起きました。付近は豪雪地帯でも知られ、一九〇二年（明治三五年）に青森の歩兵第五連隊が雪中行軍中に吹雪に遭遇して二一〇名中一九九名が死亡する事故がありました。その経過は新田次郎の『八甲田山死の彷彿』（新潮社、一九七一）に詳しく述べられています。

十和田（ランクB、御鼻部山の三角点の標高一〇一一メートル）は青森・秋田の県境に位置し十和田湖に並ぶ二重カルデラと周囲の溶岩ドームで構成されています。およそ五・五万年前から活動がはじまり、一・三万年前の大規模な噴火で現在の十和田カルデラのほとんどが形成されました。最新の活動は九一五年に起こったプリニー式噴火による大量の軽石の降下と大規模火砕流の発生です。

秋田焼山（ランクB、一三六六メートル）は直径七キロ、比高七〇〇メートル、傾斜の緩い山体の成層火山です。山体頂上部に直径六〇〇メートルの山頂火口があり、最高点はその南西縁にあります。一万年前ごろからの噴火で溶岩ドームが形成され、有史以降、山頂からの小規模な水蒸気爆発が何回も発生しています。一九八六年には火山ガスで死亡事故が起きています。西側山麓には名湯が分布しています。

八幡平（ランクC、一六一三メートル）は秋田・岩手県境で東西二〇キロ、南北一〇キロに並ぶ成層火山群で、頂上域は高原状で、噴火口に水が溜まった小さな火口湖（湖沼）が点在しています。硫気孔や温泉が多く、硫黄の採掘が行われたていた時期もあります。九〇〇〇〜七〇〇〇年前と六〇〇〇年前に噴出した降下火山灰層が確認されています。

栗駒山（ランクB、一六二七メートル）は宮城、秋田、岩手三県の県境に位置し、南側だけに成層火山だった外輪山が残り、その東の端が最高峰の大日岳になる二重火山です。数万年前に噴出した中央火口丘の剣山は平坦な溶岩ドームで、硫気活動が活発です。有史以降、数回の水蒸気爆発が発生しています。

一九四四年一一月二〇日、大日岳北西斜面の海抜一二〇〇メートル付近で小規模な水蒸気爆発が発生し、泥土を飛散させ窪地が出現、その後水が溜まり「昭和湖」と呼ばれています。二〇世紀後半からは付近でときどき群発地震が発生し、二〇〇八年六月一四日、「岩手・宮城内陸地震」（M7・2）が起こり、栗駒山山体のあちこちで崖崩れが発生し、泥流で旅館が破壊され、死者・行方不明者二〇数名が出ました。

蔵王山（ランクB、一八四一メートル）は宮城・山形の県境にあり、山体上部をなす最高峰の熊野岳、刈田岳などが噴出した後、山頂部には直径二キロ程度のカルデラが生じた成層火山です。五色岳はカルデラの中に生じた火砕丘で、「御釜」の通称で親しまれている直径三六〇メートルの火口湖の五色沼があります。

蔵王火山の火山活動は七〇万年前にはじまったと考えられています。五色沼の西端で御釜の噴火活動がはじまったのは一〇〇〇年前で、その後も小噴火を繰り返し、群発地震や鳴動、噴気の異常などが起きています。一八六七年（慶應三年）には御釜で水蒸気爆発が起こり、泥流が流れ出て洪水が発生し三名が犠牲になっています。

磐梯山（ランクB、一八一九メートル）は福島県中央に位置し、底径が七～一〇キロ、比高一〇〇〇メートルの成層火山で、赤埴山（アカハタヤマ）、櫛ヶ峰、大磐梯、小磐梯などが沼の平火口を取り囲み円錐形火山が形成されています。その形成は休止期をはさみ新旧二つの活動期に分けられます。

古期の活動では赤埴山や櫛ヶ峰が創出され、新規の活動では大磐梯や小磐梯が形成されました。二・五万年以降はマグマの噴出は記録されておらず、水蒸気爆発だけが起きています（第4章3参照）。

那須岳（ランクB、一九一五メートル）は栃木・福島県境で南北一三キロに連なる成層火山の那須火山群の一峰で、「茶臼山」の別名で知られています。那須火山群の活動はおよそ五〇万年前にはじまり、現在活動しているのは茶臼岳だけです。茶臼岳は一・六万年前からの活動で、崩壊により生じた凹地が東に向かって開かれていましたが、その中に出現した新しい火山です。溶岩流や火砕流を噴出する噴火活動が繰り返されてきました。

一四〇八年（応永一四年）二月二四日に大規模な水蒸気爆発が発生し、その後も同じような噴火が繰り返されました。一四一〇年（応永一六年）三月五日、さらに大きな噴火が起き、大量の噴出物が堆積し、山頂の溶岩ドームが形成されました。高温の火山灰や噴石により斜面の積雪が融かされ、大規模な火山泥流が発生しました。この泥流に堰き止められた那珂川流域に洪水が発生し、家屋が流失し、一八〇名が死亡し、多数の牛馬が犠牲になりました。その後も小規模な噴火や群発地震がときどき発生し、一九六〇年には北西の噴気地帯に直径二〜三メートルの小火口が現れました。

現在でも有毒な火山ガスの噴出が続いていますが、近づくと生き物が死んでしまう山麓の「殺生石」は観光名所で公園になっています。その周辺には立ち入り禁止区域があります。

日光白根山（ランクC、二五七八メートル）は日光火山群（男体山や女峰山など）の活火山です。直径一〇〇〇メートル、高さ三〇〇メートルの溶岩ドームと何枚かの厚い溶岩流の層からなる小さな火山です。有史以後の活動は小さな噴火に限られ、ときどき地震が群発しています。

燧ケ岳（ランクC、二三五六メートル）は福島、群馬、新潟の県境に位置する尾瀬ヶ原の北東、福島県の南西端にあり、基底六〜八キロ、比高七〇〇メートルの円錐形の火山で、山頂の北西側に長径八〇〇メートルの爆裂火口があります。南麓には尾瀬沼が広がっています。尾瀬沼はおよそ八〇〇〇年前に発生した岩屑なだれと溶岩流によって創出されました。近年火山活動はほとんど認められません。

山麓一帯の尾瀬ヶ原や尾瀬沼は、電力事情改善のため発電用ダムの建設計画がありましたが、強い反対運動で中止となりました。現在は自然環境を守る事業が推進されています。

1　噴火予側のはずれた岩手山

岩手山（ランクB、二〇三八メートル）は「南部片富士」あるいは「岩手富士」とも呼ばれ、西岩手火山、東岩手火山の二つの成層火山の結合で、東岩手火山が新しく、薬師岳が最高峰です。およそ七〇〇〇年前に東岩手火山の山頂が崩壊して馬蹄形の火口が形成されました。現在でもこの火口からの噴火活動が続いていて、薬師岳も創出されました。西岩手火山でも七〇〇〇年前以降、少なくとも四回の大きな水蒸気爆発が発生しています。

火山活動が確実に古文書に現れるのは一六八六年（貞亨三年）三月二六日から一一月ごろまでの山頂噴火からです。この時の噴火は山頂でのマグマ水蒸気爆発にはじまり、周辺への降灰、火砕サージなどが発生しています。

一七三二年（享保一六年）の噴火では北東山腹の標高一一〇〇メートル地点に噴火口が生じ、溶岩が流れ出しました。この溶岩流は現在「焼走り溶岩流」と呼ばれています。

一九一九年七月、山頂の西三キロの大地獄で水蒸気爆発が起こり、降灰がありました。記録に残る西岩手山からのただ一つの噴火です。

二〇世紀後半になって、地震が頻発し、噴気活動が活発になることがときどき起こるようになりました。特に一九九七年一二月末から山体西側で震源の浅い群発地震が発生しはじめ、その数は増えていきました。一九九八年二月ごろ低周波地震も観測されるようになり、東北大学や国土地理院が設置していた地殻変動観測網のデータにも変化が現れだしました。四月二九日には短い間に火山性地震が頻発し、傾斜計のデータにも大きな変化が現れ、噴火寸前の様相を呈してきました。気象庁は臨時火山情報を出し噴火に備えました。

八幡平（手前）から見た岩手山

しかし、これらの地震活動や地殻変動も六〜七月がピークで、八月に入ると次第に沈静化に向かいました。九月三日に岩手山南西一〇キロにM6・2の震源の浅い地震が発生しました。直後に岩手山周辺の地震活動も活発化しましたが、一〇月には元に戻りました。一九九九年以降も火山性の地震や微動の活動、さらに地殻変動の活動も続いていたので、関係者はいつ噴火してもおかしくないと心配を続けていました。しかしそれらの異常活動も二〇〇二～二〇〇三年をピークに次第に沈静化し、終息し、結局は噴火に至りませんでした。有珠山の噴火発生前と比較しても、この時の岩手山は噴火してもおかしくない状況でしたが、噴火せず、火山研究者たちは改めて火山噴火予知の難しさを突きつけられた出来事でした。

2 車で登れる山で溶岩流出・秋田駒ケ岳

秋田駒ケ岳（ランクB、一六三七メートル）は岩手県と秋田県の県境に位置し、八合目まで車道が通り、車で手軽に登れる山として人気があります。そんな山で溶岩流出を伴う噴火が起きています。秋田駒ケ岳は成層火山で、山頂北東側に北部カルデラ（一・二キロ×一キロ）と南西部に南部カルデラ（三キロ×二キロ）があり、約一・三～一・一万年前の活動期に、山頂からのプリニー式噴火や火砕流の噴出によって形成されたと考えられています。

その後の活動はこの二つのカルデラ内で起こり、七〇〇〇～四〇〇〇年前、四〇〇〇～一〇〇〇年前に大きな活動が起こり、南部カルデラの女岳を含め、現在の山体が形成されました。有史以後の活動はあまりありませんが、八〇七年（大同二年）に噴火らしき記述が古文書に初めて現れます。一八八八～一九〇五年ごろは活動期だったようで、特に一八九〇年一二月～一八九一年一月には鳴動があり、噴石を伴った噴火も起きています。一九三二年七月二一日～三〇日には南部カルデラ内に新しく噴火口が生まれ、噴石丘が形成されました。降灰も多く、泥流が発生し、樹林の多くが枯れ、有毒ガスも発生しています。

一九七〇～一九七一年には溶岩流出を伴った噴火が起こりました。一九七〇年九月一八日、女岳付近から噴火、以後ドカーン、ドカーンとストロンボリ式噴火を繰り返すとともに、カルデラ内には噴火とは対照的に音もなく静かに溶岩が流れ出ていました。

3　夏でも雪渓が残る鳥海山

鳥海山（ランクB、二二三六メートル）は秋田県と山形県の県境に位置し、「出羽富士」とも呼ばれる成層火山です。日本海からの強い風で運ばれる雪雲により、降雪量は多く夏でも大きな雪渓が残ります。したがって積雪期はもちろん、夏季でも噴火が発生すれば融雪型の火山泥流が発生し、山麓に被害をもたらす可能性のある火山です。

山体底部の大きさは東西二六キロ、南北一四キロ、なだらかな西鳥海山とやや急峻で新しい溶岩地形の東鳥海山に分けられ、それぞれの山頂に山体崩壊で生じた馬蹄形のカルデラがあります。

およそ二万年前から東鳥海山の山体が形成された火山活動がはじまりました。二六〇〇年前に東鳥海山の山頂付近で大規模な山体崩壊が発生し、北に開いたカルデラが出現、この時の岩屑は、なだれとなって流れ下り、北麓から北西麓に広く分布しています。松尾芭蕉が「奥の細道」で松島に匹敵するとたたえた景勝地「象潟」を創出した象潟湖の小島群は、この時の岩屑なだれの堆積物です。景勝・象潟は一八〇四年（文化一年）七月一〇日に発生した「象潟地震」（M7・0）で、大きな地殻変動が起こり、地盤が二メートル隆起したため陸地化して消滅してしまいました。

一八〇一年（享和元年）～一八〇四年（文化元年）、有史以来最大の噴火が発生し、八月下旬に噴火活動はもっとも激しく、東鳥海山山頂の荒神ヶ岳付近で爆発が起こり、噴石や灰を多量に噴出し、新山が生じました。噴火を見ようと登山した地元の若者八名が、噴石の直撃を受け命を落としました。

一九七四年三月一日から噴火、四月二四日には北方二四キロまで灰を降らせた噴火が起こりました。五月八日の噴火を最後に、噴火活動は沈静化しました。

4　観光客でにぎわう吾妻山

吾妻山（ランクB、一九四九メートル）は山形県と福島県の県境にある成層火山や単成火山からなる火山群の総称で、東西二五キロ、南北二五キロの広さに分布し、西吾妻山、中吾妻山、東吾妻山に大別されます。東吾妻火山の南東麓には馬蹄形のカルデラが形成されていました。

およそ六〇〇〇～五〇〇〇年前に東吾妻山の北側の成層火山・一切経山（イッサイキョウザン）の南側のカルデラ内に吾妻小富士や樋沼の火砕丘が形成され、吾妻小富士から東麓へ溶岩が流れ出ています。

有史以後の噴火は一切経山からの爆発で、少なくとも四回以上、堆積物が残るような活動がありました。南東斜面には広く噴気地帯があり、現在も噴火が発生しています。一八九三年五月一九日に噴火が起こり、噴石や降灰があり、六月四〜八日にも噴火が繰り返されました。六月七日、噴火活動調査中の二名が爆発に遭遇して死亡しました。この時の噴火活動は小規模な水蒸気爆発ですが、「明治噴火」と呼ばれています。

一九七七年一二月七日にも小噴火があり、二一世紀になってもときどき火山活動が活発になっています。

吾妻連峰のほぼ全域が磐梯朝日国立公園に含まれ磐梯吾妻道路（磐梯吾妻スカイライン）と第二磐梯吾妻道路（磐梯吾妻レークライン）の二本の道路が走る、一大観光地となっています。道路も整備され、火口近くまで多くの観光客が入っていますが、噴火の可能性のある山であることに留意して観光して欲しい火山です。

5　火山ガスにも注意の安達太良山

安達太良山（ランクB、一七〇九メートル）は東西九キロ、南北一四キロに広がる成層火山で、北から鬼面山、箕輪山、鉄山、安達太良山、和尚山などの火山が並んでいます。およそ五五〜四五万年前に鬼面山が出現した活動がはじまり、二五万年前には箕輪山から和尚山にかけて、火山体主要部が形成されました。一二万年前以降から一〜二万年の間隔で、小規模な溶岩の噴出が繰り返されました。一万年前からはマグマ水蒸気爆発や水蒸気爆発が繰り返され、最後にマグマ（溶岩）が噴出したのは二四〇〇年前の活動です。

安達太良山山頂には溶岩ドームが、またその西側には直径二キロ、深さ一五〇メートルの沼の平火口があります。主峰の安達太良山山頂の溶岩ドームは遠方からは特徴的な形に見え「乳首山」と呼ばれています。一八九九年の初めから噴気活動が活発になっていましたが、八月二四日、沼の平内の火口から火炎が昇り、一一月一一〜一二日にも同じような水蒸気爆発が起こりました。翌一九〇〇年七月一七日には沼の平に長径三〇〇メートル、短径一五〇メートルの噴火口を生じる爆発が発生し、近くにあった硫黄採掘所が全壊して、死者七二名、負傷者一〇名の惨事が起きました。

小規模な活動はその後も続いていますが、一九九七年九月一五日に沼の平南西部で登山者四名が硫化水素ガスを吸って死亡するという事故がありました。二〇〇一年には新たな噴気孔も見つかり、噴火活動は静穏に見えても火山ガスの放出は続いている可能性があり、登山者は注意が必要な山です。

3 中央日本の火山

東北日本から南下してきた東日本火山帯フロントは、関東平野の北端付近で枝分かれして、ほぼ南へ富士山、箱根山から伊豆諸島へと延びるとともに、一部が西に延びています。地下では東から太平洋プレートが、南からフィリピン海プレートが日本列島の下に重なり合うように沈み込んでいます。浅間山や焼岳のように活動を繰り返す火山が並ぶ反面、活火山と定義はされていても、有史以来ほとんど火山活動が認められていない、多くの火山が並んでいます。

赤城山（ランクC、一八二八メートル）は基底の直径二五キロの成層火山で、山頂付近に南北四キロ、東西三キロのカルデラがあり、その低地には大沼があります。歴史時代の噴火活動は認められていません。

榛名山（ランクB、一四四九メートル）は基底の直径二〇キロの成層火山で、頂上部には径二〜三キロのカルデラがあります。カルデラの中央には溶岩ドームがあり「榛名富士」と呼ばれ、その西側には「榛名湖」があり、観光の中心地となっています。六世紀の活動以後、顕著な活動は認められていません。

横岳（ランクC、二四八〇メートル）は八ヶ岳連峰の北端に位置し、八ヶ岳火山群の中でただ一つの活火山です。東西四キロ、南北二キロの溶岩流と溶岩ドームからなる小規模な火山体です。最新の活動は八〇〇年前に発生したと推定されていますが、有史以来、ほとんど活動は認められません。

新潟焼山（ランクB、二四〇〇メートル）は新潟県北西部に位置し、標高二〇〇〇メートルの基盤から噴出した比高四〇〇メートルの小規模な成層火山です。一七七三年には北方へ火砕流が流れ出ていますが、その後は割れ目噴火の水蒸気爆発が起こっています。一九七四年の水蒸気爆発では噴石のため三名の登山者が死亡しています。豪雪地帯のため、積雪期の噴火では融雪泥流が発生します。

妙高山（ランクC、二四五四メートル）は「北信五岳（妙高山、黒姫山、斑尾山、飯綱山の火山と火山でない戸隠山）」の中で、唯一の活火山です。しかし、有史以後の活動は記録されていません。

弥陀ヶ原（ランクC、国見岳の標高二六二一メートル）は急峻な北アルプスの北端の立山連峰西側に噴出した成層火山ですが、頂上域は陥没や侵食で消滅しています。弥陀ヶ原や付近の五色が原の景観は火砕流堆積物の台地によって創出されています。湿地が多く高山植物も豊富です。一八三九年には水蒸気爆発があった記録があります。一九六七年にはキャンプ中の二名が火山ガスにより死亡しています。

乗鞍岳（ランクC、剣が峰の標高三〇二六メートル）は北アルプスの南端に位置し、最高峰の剣が峰の北側には摩利支天岳、富士見岳、恵比寿岳などの溶岩ドームが並び、火口湖も点在し、周氷河地形もみられます。標高二七〇二メートルの畳平まで観光道路が通り、多くの観光客が訪れています。有史以後の噴火は記録されていません。

白山（ランクC、御前峰の標高二七〇二メートル）は金沢市の南五〇キロの石川・岐阜県境に位置し、一〇万年前ごろからの活動で現在の山体が形成されました。一〇四二年（長久三年）に水蒸気爆発が起こり泥流や噴石がありました。一五五四～一五五六年（天文二三年～弘治二年）などの噴火で現在の頂上部の火山群が形成されました。

1　名湯に近く火山ガスの多い草津白根山

草津白根山（ランクB、本白根山の標高二一二七メートル）は第三紀（二三五〇万年～二五八万年前）の古い火山体の上に成層火山が噴出して、その頂上部に白根山や本白根山の火砕丘が南北に並ぶ現在の山体が形成されました。白根山火砕丘の頂上域には水釜、湯釜、涸釜の三火口湖が北東から南西に並んでいます。有史以後の噴火はほとんど山頂付近の火口周辺で起こる水蒸気爆発です。

草津白根山、背後に見えるのは浅間山

一八八二年八月六日、一か月前から鳴動が聞こえ、湯釜、涸釜付近から噴火が発生し、泥土を噴出し、周辺の樹木が枯死しました。

一八九七年七月八日、湯釜火口の北東二〇〇メートル地点で噴火、泥土や岩塊を噴出し、付近にあった硫黄採掘所が全壊しました。

一九〇二年七月の噴火は、現在開通している草津－志賀道路で、レストハウス付近の弓池付近で発生し、付近にあった浴場や事務所が破壊されました。

一九三二年一〇月一日、水蒸気爆発が発生し、火山泥流により硫黄鉱山の作業員二名が犠牲になりました。

一九七六年三月二日、小規模な水蒸気爆発が発生し、八月三日に本白根山白根沢で火山ガスにより登山者三名が亡くなりました。

一九八三年一一月一三日には湯釜で水蒸気爆発が二回発生し、噴石は火口から二〇〇メートルの範囲に落下し、降灰は南東四〇キロの渋川市付近まで達しました。

二〇一八年一月二三日、本白根山鏡池付近で小規模な水蒸気爆発が起き、火砕サージも発生しました。噴石で自衛官一名が死亡、一一名が負傷する惨事となりました。しかし、爆発やサージの規模が小さかったので融雪や樹木の被害は出ませんでした。

白根山の噴火はほとんどが小規模な水蒸気爆発の繰り返しで、火山ガスによる死者が出ています。近くには名湯草津温泉がありますが、あちこちから噴気活動がみられ、硫化水素が噴出しています。登山や散策には地元から発せられる注意をよく理解して行動することが重要です。

2　史上最悪の噴火を起こした浅間山

浅間山（ランクA、二五六八メートル）は長野・群馬県境に位置し、およそ一〇万年前から噴火、二・三万〜四〇〇〇年前ごろ、プリニー式噴火によって、その山体が大崩壊を起こしました。この崩壊によって西側半分を残し大部分が失われ、現在の湯の平西方には崩壊によって馬蹄型カルデラが出現し、その壁の一部に黒斑山、南西側に牙山、剣が峰と呼ばれる黒斑火山の名残の外輪山がみられます。仏岩火山はおよそ二万年前に活動し、溶岩流から形成されており、さらに東側に溶岩円頂丘の小浅間が出現しました。

黒斑山の東側には釜山火口を囲むように前掛山（二五二四メートル）が位置しています。前掛火山の活動は八五〇〇年前ごろにはじまり、次第に山体が形成されていきました。一一〇八年（天仁元年）の大噴火は、前掛火山活動史上、最大規模の噴火でした。火山泥流や溶岩流が発生し、山林や耕地に被害が出ました。

浅間山の噴火の特徴はときどきブルカノ式の大噴火を起こすことです。この噴火は爆発が大きく、しばしば火砕流が発生する危険な噴火です。そしてその最大の噴火が一七八三年（天明三年）に発生した、俗に「天明の大噴火」と呼ばれている日本の火山災害史上最大の被害が発生しました（第4章2参照）。

この時の活動は五月九日からはじまり、八月初旬まで続き、最終段階で火砕流や溶岩流が噴出して、ようやく終息しました。頂上火口の北北東四キロ地点を中心に広がる「鬼押し出し」の溶岩流は、この時の噴火で流出しました。八月四日、噴火活動は頂点に達しました。まず吾妻火砕流と呼ばれている火砕流が発生し、北側の火口壁を超えて山麓へと流れ下りました。翌五日の一〇時ごろには大爆発が起こり、鎌原火砕流が発生し、溶岩の流出が続きました。鎌原火砕流は鎌原熱雲とも呼ばれ、火口の北東七キロの鎌原村を襲いました。その襲撃をまともに受けた群馬県吾妻郡鎌原村（当時）では、村民全人口五九七名のうち四六六名が犠牲になりました。

浅間山

村全体が大熱泥流の噴出物の下に埋没し、助かったのは村内の小高い丘の上にあった観音堂に逃げられた人たちだけでした。観音堂への参道の石段は現在一五段程度ですが、一九七九年に行われた発掘調査では、噴火当時は五〇段ほどあったことが確認され、その途中から二名の遺体が収容されました。また、埋没した家屋からは、多くの建築用材や生活用品が発見され、埋没した村の江戸時代の生活文化の一端を垣間見ることができました。

この鎌原火砕流は北側を流れる吾妻川に流れ込み、流れを一時的に堰き止めましました。この堰止湖はすぐに決壊し、下流に向かって大洪水が発生し、そのため吾妻川下流の沿岸地域では、各村落が大被害を受け、流出家屋は一〇〇〇戸を超えました。吾妻川は利根川の支流ですが、流死人や流失物は本流の利根川にも流れ込み、沿岸には追悼の慰霊碑や記念碑が数多く立てられ、現在でも見ることができます。多くの遺体が打ち上げられた現在の東京都江戸川河口近くや遠く千葉県銚子にも供養碑が建てられていることをみても、その被害の大きさが理解できます。「天明の大噴火」は古文書や災害絵図などに残され、現在に語り継がれています。

現在、噴火活動の中心となる山頂の釜山火口は直径五〇〇メートル、深さ二〇〇メートルあり、二〇世紀に入ってからでもその深さは変化しています。

一九〇九年一月二九日の爆発では、爆発音は八〇キロの遠方まで届き、東方数十キロの関東北部にも灰が降りました。一九一〇年ごろには、火口の縁を超えるレベルまで溶岩が充満した時期もありました。一九一一年にはたびたび爆発を起こし、その音は一〇〇キロ以遠にまで届くこともあり、五月八日、一五日の爆発では噴石で死者一名、負傷者二名が出ています。このような活発な火山活動と、たびたび死者が出る噴火に備え、火山観測所が設立されたのです（第5章1参照）。

一九一三年四月〜一一月にも活発な噴火活動が繰り返され、五月二九日には登山者一名が亡くなっています。その後もしばしば起こる噴火のため、周辺の森林が焼失したり、空振のため山麓で戸障子が破損するなどの被害が続きました。

一九三〇年八月二九日には火口近傍で登山者六名が、噴石を受け亡くなっています。

一九三八年三月〜一二月、毎月数回から数十回の噴火が繰り返され、多量の降灰があり、登山者の遭難が起きています。一九四〇年代にも登山者十数名が噴石で死亡しています。

一九五〇年夏、高倍率の地震計による多点観測がはじまりました。九月二三日に大爆発が起こりおよそ三〇〇〇トンと見積もられた岩塊が二〇〇メートルの火口底から北側の火口縁まで飛ばされました。この時も登山者一名が亡くなっています。

一九五二年から一九五四年にかけて、東京大学地震研究所の浅間火山観測所では地震震源を精度良く決めるための遠隔記録方式と刻時方式の改良が進められ、地殻変動を検出するための水準測量が実施されるようになりました。一九五三年三月に在日米軍が浅間山北麓に演習地をつくる計画が浮上しました。しかし、火山観測に支障をきたすという研究者側の要求が通り、計画は取り下げられました。

一九五六年一二月、観測所に交流電源が引かれ、これにより地震のモニター記録は電磁式ペン書き方式に交換され、観測精度は飛躍的に向上しました。

一九五六年、観測所に突発現象記録装置が整備され観測機器の近代化がはじまりました。近年、これまでの地道な努力の結果、観測装置の高精度化、観測項目の多様化が実施され、火口壁には噴火を監視するカメラも設置されました。このカメラの設置により、観測所で居ながらにして火口内の様子が見られるようになりました。

二〇世紀に入り、活発化していた浅間山の火山活動は一九七三年ごろから沈静化して、二一世紀を迎えました。二〇世紀の前半、浅間山では噴火により数十名の死者が出ています。すべて噴火に対して設けられている山体上部の危険区域内で発生し、山麓の住民居住域では発生していません。したがって同じ程度の噴火活動が続くとすれば、人身被害を防止するには危険区域内に立ち入らなければよいのです。

近代科学のメスで浅間火山の観測がはじまってから一世紀を超え、もっとも進歩したことは地震計や傾斜計、GPSによる連続観測で山体の変動が常時、連続的に記録されるようになったことです。特に山頂にカメラが設置され、火口内の様子が観測所内で常時監視できるようになっています。二〇〇四年の噴火では、噴火前の地殻変動や監視カメラにより爆発する瞬間が記録され、爆発を伴って発生する地震と地殻変動の関係が解明されるようになりました。絶対重力計の観測では火道内を上昇するマグマの動きが明瞭に把握でき、これまで以上に、諸データの詳細な解析が可能になったのです。

マグマの上昇によって岩盤が熱せられると、岩石の持つ磁性が弱くなります。したがって地磁気の連続観測によってマグマの上昇が検知できます。山体全体で電気抵抗を測ると、岩盤の隙間に熱水が入ることにより電気抵抗が小さくなり、マグマの存在を推定できます。定常的には研究者自らが山中を歩いて測定を繰り返しますが、近年は噴火活動が活発になると危険なため、無人ヘリコプターで観測を行うことも試みられています。

火口内の温度測定には、ヘリコプターに赤外温度計を搭載し、火口内の温度を測定していました。現在では火口縁に赤外線カメラを設置して、その映像は常時観測所内で見ることができるようになりました。

人的被害をもたらす火山ガスの測定も進歩しています。浅間山では一日当たり三〇〇〜五〇〇トンの二酸化硫黄の放出が見積もられています。二〇一〇年からは火口内にガスセンサーを設置して、リアルタイムで分析結果を知ることができるようになりました。

二〇〇六年一〇月にはミュオングラフィーを用いて、浅間山の東麓に宇宙線ミュオン観測点を設け、観測を開始しました。二〇〇九年二月の小噴火前後に、火口底部の密度変化、つまりマグマの存在を捉えることに成功しています。

このように浅間山は日本で初めて科学観測が導入された火山で、観測所の活動は数々の成果を上げてきました。しかし現在は無人観測所になっており、常に山を見て、山の息吹、鼓動を感じている研究者がいないのが残念です。

研究者が火山観測所に常駐することの利点はいろいろありますが、その一つとして次のような例を挙げておきます。

浅間火山観測所での出来事です。一九七〇年ごろから噴火口付近から離れた場所に夜だけ地震が発生することに観測所の職員が気付きました。それらの地震は毎年三月を中心に起こるのです。二月末ごろから、毎日夕刻五時ごろから地震が発生しはじめ、翌日の日の出のころの六時ごろには現れなくなるのです。地震波形の特徴は最初の波、いわゆる初動（P波）の立ち上がりは明瞭でなく、全体としては紡錘形をしていました。一日に三〇〜四〇回の地震発生からはじまり、一九七三年二月七日から三月二七日の間には合計一五〇〇回以上の地震が発生していました。また一九七八年二月一四日から四月五日の間には三五〇〇回以上の地震が発生していました。一日の地震数としては平均すれば五〇回程度です。

この間の一九七三年二月一日に一一年ぶりに浅間山は噴火しました。しかしこの夜に活動を開始する地震の震源は、山頂の噴火口から東へおよそ二キロ離れた地域の山腹の深さ一キロより浅いところで起きていることが明らかになりました。

これらの地震の原因を探るべく、重力変化や気温の日変化、そのほか考えられる事象と比較して原因究明がなされましたが謎は解かれませんでした。一九七二年秋、山体が雪で覆われる前に来るべき一九七三年の夜の地震が予想されるシーズンに備え、より正確に震源を決定すべく新しく数か所に地震計を設置し観測網を充実しました。しかし、噴火の発生で、多くの噴石が飛ばされ観測ケーブルの切断が起こり記録が取れず、せっかく準備した観測網の目的を達することができませんでした。

その発生原因を解明できないでいるうちに、一九七九年以降は、このような地震は起らなくなりました。観測所の職員たちは夕方になると活動をはじめるこの夜中に活動する地震を「ホステス地震」と俗称していました。日ごとの火山活動の話の中に「昨夜もホステスが出ていた」となるのです。

このホステス地震もそうですが、火山体やその周辺で起こる地震の中には、どの火山でも未解明の現象が沢山あります。たとえば突然たくさんの地震が連続して起こる群発地震は、噴火の前兆の一つですが、なぜその群発地震が起こったのか、群発地震が発生したので噴火が起こるかなども、ほとんど解明されていません。火山性の地震は普通に発生している構造性の地震よりはるかに複雑な現象と云えるでしょう。

3　観光資源創出の焼岳

焼岳（ランクB、二四五五メートル）は北アルプスの南に割谷山、白谷山、アカンダナ山（ランクC、二一〇九メートル）とともに並ぶ火山群の中で、現在活動しているただ一つの火山です。焼岳の形成は約一・五万年前からはじまりました。その頃はまだ穂高岳や槍ヶ岳の頂上付近は氷河におおわれていたのではないでしょうか。

有史以来、何回か小規模の噴火は発生していますが、山が深いために、明治時代以前の資料は信頼性が低いと考えられています。そして焼岳の存在を世の中に知らしめたのは、一九一五年（大正四年）一月の噴火です。降灰を伴う噴火の発生に続き、地震も群発するようになりました。六

焼岳と大正池

月六日、山頂溶岩ドーム東側の標高一九〇〇メートル地点の台地から山頂東側に達する長さ一キロの大亀裂が生じ、その底部から噴火が起こりはじめたのです。その亀裂の底には十数個の火口が形成されました。噴火の爆風により山麓の樹木はなぎ倒され、流れ出た泥流が上高地を流れている梓川を堰き止め、池が出現しました。池の中には立木が何本も立ったままでした。

出現した池は「大正池」と命名され、穂高連峰の前景として、スイスアルプスと比べれば箱庭

的ですが、素晴らしい山岳風景が創出されました。大正池の出現により穂高岳の風景写真が一層世の中に広がり、登山者ばかりでなく多くの観光客が訪れています。

一九六二年六月一七日、西側の山腹に長さ五〇〇メートルの割れ目噴火が起こり、新しい火口が出現しました。火口に近い山小屋では四名が負傷しました。泥流が発生し大正池に流れ込み、かなり堆積しました。焼岳から大正池への土砂の流入はその後も続き、浚渫作業が続けられています。

焼岳付近ではその後も群発地震が発生しており、一九九五年には水蒸気爆発が起き、トンネル工事中の作業員が死亡しました。

一口メモ（5）　火山によってつくられた上高地

上高地を流れる梓川は槍ヶ岳を源流として、松本平では犀川、さらに善光寺平では千曲川と合流して信濃川となって、日本海に注いでいます。しかしおよそ一万五〇〇〇年以前は岐阜県から富山県側へと流れ、最後は神通川に合流して日本海へと注いでいたのです。南側の十石山（二五三五メートル）から北の安房峠、さらに焼岳の方向を見ますと、その西側に展開する旧梓川の痕跡を追うことができます。旧梓川は蒲田川と合流し高原川となり、西から北西へと流れ、富山県で神通川に合流していたのです（第4章6参照）。

上高地観光の中心、河童橋から見た穂高連峰

約一万五〇〇〇年前、焼岳、アカンダナ岳などの火山群の出現により、梓川は堰き止められ大きな湖が出現しました。梓川が形成していたV字谷は、現在の横尾谷付近まで長さ一二キロ、幅二キロの堰止湖となったのです。湖水の深さは当時のV字谷の谷底が現在よりおよそ三〇〇メートル下でしたから、それよりは深く少なくとも三百数十メートルはあったでしょう。この堰止湖はその後、上高地の掘削調査をした研究者たちによって「古上高地湖」と呼ばれています。

古上高地湖には上流から土砂が流れ込みドンドン浅くなっていきました。湖底への土砂の堆積が、現在の上高地の標高に達したころ、古上高地湖は流れをさえぎった火山群の手前で南東へとあふれ出し、松本平へと流れる現在の梓川の流路ができました。湖の水がなくなるとV字谷の底は三〇〇メートル埋まり平坦な地形が出現し、その中を梓川が流れているのです。徳沢付近は現在ではキャンプサイトになっていますが比較的広い平坦地で、明治時代には牧場として牛の放牧がおこなわれていたこともありました。

最近の掘削調査では梓川が神通川に流れ込んだ時代の川床が確認され、地下に埋まっていた植物化石の年代は一万二〇〇〇年前でした。

4　死んだはずが大惨事を起こした御嶽山

御嶽山（ランクB、剣が峰の標高三〇六七メートル）は山頂のカルデラを囲むように、剣が峰のほか継母岳、摩利支天山、さらに北に継子岳などの溶岩ドームが並んでいます。火山活動は二万年前に終了したと考えられていましたが、一九七九年一〇月二八日、剣が峰の南西側の山腹から水蒸気爆発が発生し、山麓では農産物に被害が出ました。「死火山」と考えられていた御嶽山の突然の噴火で、「活火山」の定義が見直されました（第2章3参照）。

一九八四年、山頂やや南側を震源とする「昭和五九年（一九八四年）長野県西部地震（M6・8）」が発生して、大規模な山崩れが起こり、死者二九名、家屋の全半壊八七棟などの被害が出ました。地震はその後もときどき起きています。

その後御嶽山には地震計が設置され、地震活動は毎日わかるようになりました。

一九九一年、二〇〇七年には小規模ながら水蒸気爆発が発生しました。この時、地震前に何回か群発地震が発生し、一日の地震数が八〇回に達する日もありました。

御嶽山

二〇一四年九月二七日正午前、山頂のすぐ南西側にある地獄谷付近から噴火が発生しました。噴煙と火山灰、さらに噴石が山頂付近を覆い、降り注ぎました。秋の行楽シーズンの快晴の土曜日で、山頂付近には大勢の登山者がいましたが突然の噴火に山小屋に逃げ込む人もいました。その山小屋では屋根には穴が開き、窓ガラスは割れました。死者・行方不明者六三名という、戦後最大の火山災害が発生したのです。

4　伊豆と小笠原諸島の火山

プレートテクトニクスでは今から二〇〇万〜一〇〇万年前、伊豆半島はフィリピン海プレートに乗って南から北上してきた島が、日本列島（本州）に衝突して現在の丹沢山塊が形成され、半島になったと考えられています。そして本州の下に沈み込んだフィリピン海プレートによって、富士山や箱根山などの火山が創出されたのです。現在では伊豆半島を境界として東側では北東方向に、西側では北西方向にフィリピン海プレートは沈み込み、それぞれ相模湾内に相模トラフ、駿河湾内には駿河トラフを形成しています。そして相模トラフでは関東地震、駿河トラフでは東海地震の巨大地震がそれぞれ一〇〇〜二五〇年の間隔で、有史以来何回も発生しています。

東北地方から南に延びてきた東日本火山帯フロントは、伊豆半島付近で日本列島から離れ南に延びています。その火山帯フロントの東側に沿って太平洋プレートの沈み込み帯である伊豆－小笠原海溝が形成されています。

伊豆半島から南の火山帯フロントは、海底火山の頂上部が海上に突き出た火山列島で、北緯二八度以南では西之島と硫黄島以外は海底火山です。

この火山列島群の最北端に位置する七島は「伊豆七島」と称せられ、一〇〇〇年以上前の平安時代から「島流し」の罪人を送る「流刑の地」でした。このうち伊豆大島と三宅島は二〇世紀以降もしばしば火山活動を繰り返していますので、観測網も充実し火山研究の最前線の火山です。南方のベヨネーズ列岩や須美寿島は大森房吉も着目していますが、海底火山の頂上部が数十メートル海上に頭を出している人も住めない岩峰群です。

利島（ランクC、五〇八メートル）は伊豆大島の南南西二五キロに位置し、直径二・五キロ、海面下を含めると直径五キロ、比高六〇〇メートルの成層火山です。八〇〇〇〜四〇〇〇年前に溶岩の噴出があったと推定されています。

新島（ランクB、四三二メートル）は利島の南九キロにあり、南北一一・五キロ、東西三キロ、北と南に溶岩ドームがあり、集落のある中央低地は火砕噴出物が堆積して形成された台地です。最後の噴火は八八六年で、噴火から噴火への間隔は長いですが、ひとたび噴火すると大噴火となり、火砕流や火砕サージが発生しやすい火山と考えられています。

神津島（ランクB、主峰天上山の標高五七二メートル）は新島の南端から南西に一四キロの南北六キロ、東西四キロのひょうたん型の島で、溶岩ドームが並んでいます。島の中央に位置する天上山は八三八年の大噴火で出現しました。マグマ水蒸気爆発で本州の広い範囲で降灰が認められましたが、この噴火活動は未解明の部分が多いです。近年は新島－神津島－三宅島付近でしばしば群発地震が発生しています。

御蔵島（ランクC、八五一メートル）は三宅島の南二〇キロに位置し、直径は五キロですが、海面下では直径一四キロ、比高一八〇〇メートルの成層火山です。主成層火山は一万年以前に活動は終わっており、南東側の溶岩ドームも五四〇〇年前に形成されたと考えられています。

八丈島（ランクC、八丈富士（西山）の標高八五四メートル）は「八丈富士」と呼ばれている西山と「三原山」と呼ばれている東山の二つの成層火山が接合し、その間は平地となっている北西―南東一四キロ、北東－南西七・五キロの島です。東山は一〇万年前から三七〇〇年前まで活動し、最新では三七〇〇年前に側火口から噴火が発生しています。西山は山頂に直径五〇〇メートルの火口があり、一万年前から活動が開始され、一六〇六年が最新の噴火と考えられています。二〇〇二年には島周辺で群発地震が発生しました。

青ヶ島（ランクC、四二三メートル）は北北西－南南東三・五キロ、西南西－東北東二・五キロ、海面下での基底はそれぞれ一五キロと八キロ、海底からの比高一一〇〇メートルの火山体の頂上部が海上に突き出た火山島です。島の南三分の二を占める主成層火山の頂上部には直径一・五～一・七キロメートルの大火口があり、最高地点はその火口壁北西にある突起部です。一七八〇～一七八五年（主に天明年間）に爆発的な噴火が繰り返されました。特に一七八五年の噴火では島の全家屋六三戸が焼失、全島民三二七名のうち、八丈島への避難が間に会わなかった一四〇名ほどが犠牲になったと推定されています。この噴火後、青ヶ島は五〇年間無人島でした。島内で噴火が発生すれば逃げ場はありませんが、二〇二〇年一二月一日の人口は一六三名（朝日新聞東京版朝刊、二〇二〇年一二月二二日、「青ヶ島村　不便さが残した風景」より）です。

伊豆鳥島（ランクA、三九四メートル）は直径二・七キロ、海底からの比高は八〇〇メートルの成層火山です。山頂部に直径一・五キロの火口があり。その中に二つの中央火口丘があります。一九〇二年八月、南方の海底、島の頂上部、北の海岸からそれぞれ大噴火が発生して全島民一二五名が死亡し、無人島になりました。一九四七年から気象庁が測候所を設けましたが、一九六五年一一月の群発地震発生から、噴火の発生が心配され全員が避難し、閉鎖され、現在は無人島です。

硫黄島（ランクB、六七メートル）は北東－南西方向八キロ、幅四・五キロ、基底の直径四〇キロ、比高二〇〇〇メートルの大きな海底火山のおよそ径一〇キロのカルデラ内部が埋まり、その頂上部が島となって北側が幅広い三角形で海上に突き出ているのです。島の北部から中央は台地で、南端にもっとも高い摺鉢山（パイプ山）があります。島全体で地下の温度が高く、噴気地帯が多く、あちこちで小規模な爆発が発生しています。噴火を知る資料としては明治時代以後しかありませんが、一八八九年以来一〇回以上の水蒸気噴火が記録されており、最後の噴火は二〇一五年です。第二次世界大戦最後の激戦地でした。

青ヶ島から硫黄島の南一〇〇キロ付近までは海底火山や岩礁が並び、一〇座以上の海底の活火山が確認され、時々活動を繰り返しています。

ベヨネーズ列岩は明神カルデラ内に突き出ている岩峰ですが、明治時代以後たびたび海底噴火が繰り返され、時には新島が出現しますが、波浪によりじきに浸食され消滅してしまうことが繰り返されています。一九五二年～一九五三年の大爆発でも新島（明神礁）が出現しましたが、間もなく没しました。一九五二年九月二四日、噴火の調査に赴いた海上保安庁の観測船・第五海洋丸が調査中に噴火に遭遇し、三一名全員が死亡する事故が起きています。

硫黄島の南五〇～一三〇キロ付近に並ぶ海底火山列も、海底爆発や海面の変色などの火山活動が繰り返されています。なかでも福徳岡ノ場（北緯二四度一八分、東経一四一度二九分）は一九〇四～〇五年に海底爆発があり、最大標高一四五メートルの新島が出現しましたが、波食を受け消滅しました。同じように一九一四年には標高四〇〇メートルの新島が現れましたが、間もなく消滅するというような活動を繰り返しています。二〇二一年八月にも海底噴火が発生し、直径一キロほどの新島が確認されました。

1　ユネスコに登録・文化遺産の富士山

富士山（ランクB、三七七六メートル）が位置する付近では数十万年の間、小御岳と呼ばれる古い火山が活動しており、新しい火山はその上に噴出し、成長してきました。富士山の美しい山体はおよそ八万年前からはじまった噴火活動によって、一万年前までに現在の姿が創出されました。その後、数百年間隔で噴火を繰り返し、大量の火山灰や火山礫、溶岩を噴出し、日本一高い成層火山になりました。

研究者たちは一万年前までに形成された山体を「古富士火山」、一万年以後の火山を「新富士火山」と呼びます。古富士火山の活動が山頂火口からの火山灰、火山礫、溶岩流などの噴出だったのに対し、新富士火山の活動は山頂火口からの噴火に加え、側火口からの噴火もはじまりました。特に一万一〇〇〇年前から八〇〇〇年前の大量の溶岩の流出により、山体及び山麓のほとんどが埋め尽くされ現在見られる形になりました。

富士山と本栖湖

直径五〇キロ、体積が一四〇〇立方キロの火山体は東斜面がややなだらかです。富士山山頂付近では強い偏西風が吹き、火口からの噴出物は東側に飛ばされ斜面に堆積した結果です。富士山周辺にはおよそ一〇〇個の側火口が点在しています。

浅間信仰や富士講など富士山信仰を生み出し、現在まで続いています。登山道や巡礼地点を含む二五点が文化遺産として二〇一三年にユネスコに登録されました。

2　温泉場が点在する箱根山

箱根山（ランクB、神山の標高一四三八メートル）は江戸時代「箱根七湯」の温泉場として広く知られていました。もう噴火することのない火山と考えられていましたが、最後の噴火が三〇〇〇年前ごろで、活火山と定義されるようになりました。

箱根火山の大きさは裾野の広がりが南北二五キロ、東西二〇キロほどで、底部が富士山より一回り小さい程度の火山です。その底部の上に円錐形の火山を想像すると、標高が二七〇〇メートルぐらいの火山になるはずですが、実際には頂上部は海抜一〇〇〇メートル前後の稜線が連なる円錐台状の複式火山です。外輪山、中央火口丘の溶岩円頂丘などの凹凸がスカイラインを形づくっています。

箱根火山の活動は四〇万年前に、現在の中央火口丘付近の噴火からはじまりました。繰り返しの噴火活動で海抜二七〇〇メートルの成層火山が形成されていたと考えられています。この成層火山の活動は二〇万年以上続いたと推定されています。この時期に北端に金時山、南端に幕山が生まれました。この時代の箱根山を研究者たちは「古箱根」と呼んでいます。

およそ二〇万年前に山体の中央に大陥没が起こり、カルデラが形成されました。古箱根の創造に寄与していた山体直下のマグマ溜まりからの大量噴出により空洞が生じた結果です。

現在のカルデラは南北一二キロ、東西八キロの楕円形ですが、陥没当初のカルデラはより小さかったと考えられています。地質調査や掘削調査の結果、このカルデラの中には厚さが数十メートルと比較的厚い溶岩流の層が数枚存在していることが分かりました。この事実からカルデラ内に溶岩の流入によって、盾状火山が形成されていたと推定されました。

さらにこの盾状火山を突き破るように、軽石やスコリアを含む火砕流が何回も噴出し、時には外輪山を超えて流出し、すそ野を広げていったようです。このような火砕流は、当時すでに流れていた早川の谷に沿って流れ下り、小田原周辺にまで達しています。この火砕流の流出が五万年前ごろと推定されています。

箱根・芦ノ湖と中央火口丘の駒ケ岳、二子山

火砕流の流出によって、盾状火山を形成していたカルデラは陥没して新しいカルデラが出現しました。このとき、古箱根の外輪山の内側に新しい外輪山が形成されました。小涌谷付近の浅間山はその一部です。箱根火山は現在の姿が創造される最後の段階に入りました。

古箱根時代に噴出している金時山と幕山を結ぶ北西—南東の線上に中央火口丘の駒ケ岳や神山、台ヶ岳、二子山などの溶岩円頂丘が形成されていきました。これらの活動は四・五万年前から五〇〇〇年前までの間続いていたのです。

およそ三〇〇〇年前に神山の側面の大涌谷のある場所で大規模な水蒸気爆発が起こりました。山体が大崩落して現在の大涌谷が出現しました。このときの山崩れの土砂はおもに西に流れ、仙石原を横切るように堆積し、早川の上流部を堰き止めました。その結果、芦ノ湖が生じ、南東岸の箱根神社近くの湖の中には、当時の杉の木がそのまま残っています。芦ノ湖の出現によってようやく今日の大観光地「箱根」が創出されたのです。

箱根火山創造の四〇万年の歴史の中で、成層火山、盾状火山、溶岩円頂丘など、それぞれ特徴ある活動が見られました。火山の形は噴出物の化学組成や物理条件によって決まります。同じ火山でも、その噴火ごとに噴出物、極言すればマグマの性質が全く異なることが分かります。

箱根山は有史以来噴火が起こっていませんでしたが、火山としての研究が進んでいる山の一つです。その理由は、箱根山では地震が群発することがあり、首都圏に近い観光地であることから、地元の神奈川県が温泉地学研究所を維持し、観測を続けているからです。

噴火は起きていないと書きましたが、近年の『理科年表』には「一二世紀後半から一三世紀に水蒸気爆発、大涌谷」の記述が出ています。地質学的な新しい発見があったのでしょう。さらに二〇一五年六月、群発地震が起きているときにごく小規模な噴火が起きたと気象庁が発表しています。私はこの事実を新聞報道で知ったのですがすごく違和感を持ちました。地熱地帯で温泉供給のための噴気孔が並ぶ大涌谷では、あちこちから蒸気が立ち昇っています。その噴気孔から少量の泥が噴出したようです。噴煙が上昇したとか噴出物が高く噴き飛ばされたとかの噴火ではなさそうでした。現在こそ箱根山は活火山に定義されていますが、死火山と云われていた時代に、この現象を見た人が、箱根は噴火したと云えたかどうか極めて疑問のある現象でした（第5章5参照）。

私は箱根山の火山活動は「死火山」と云われていた状態が継続していると考えています。

3　噴火場所が分からない伊豆東部火山群

伊豆東部火山群（ランクB、大室山五八〇メートル）は火山防災の立場から、気象庁が伊豆半島の中部東岸とその海域に点在する多くの単成火山をまとめた総称です。国の天然記念物になっている大室山は、この火山群を代表する饅頭型のスコリア丘で、五〇〇〇～四〇〇〇年前に生成されました。その時流れ出た溶岩流が城ケ崎海岸を形成しています。またやや内陸の一碧湖は単成火山の爆裂火口に水が溜まった火口湖です。

静岡県伊東市付近ではしばしば群発地震が発生しています。一九三〇年に発生した群発地震では、初めて地震計を設置して地震観測が臨時に実施されました。その報告には「干潮時に地震活動が活発になる傾向が著しい」と述べられています。

その後もたびたび群発地震が発生していましたが、一九八九年六月三〇日からは最大M５・５を含む地震の頻発がはじまり、その発生総数は二万四〇〇〇回を超えました。七月一一日からは大振幅の火山性微動が起こりはじめ、その場所は分からないながら噴火の発生が現実味を帯びてきました。伊東市周辺の井戸水の水位や温泉の湧出量などの変化が気づかれはじめました。そして七月一三日、伊東市沖の海底から噴火が発生しました。有史以来の噴火で、頂上部の水深が一一八メートルの「手石海丘」が形成されました。

このように噴火の発生場所が特定されないのは珍しく、その事実が、この付近の火山活動の特徴ともいえます。この地域には多数のスコリア丘（細屑丘）、溶岩流、溶岩ドーム、火砕流台地、円形凹地、海底火山などが点在し、その総数は七五です。

4　御神火の伊豆大島

伊豆大島（ランクA、七五八メートル）は北北西–南南東一三キロ、東北東–西南西九キロの島の頂上部にカルデラと中央火口丘の三原山がある成層火山です。大島火山は数万年前から活動をはじめ、山頂のカルデラのほか、北北西–南南東方向に沿って割れ目火口から形成された側火口が多数並んでいます。七世紀ごろには山頂部にカルデラが生じ、噴火が発生すると、溶岩はカルデラ床を埋め尽くし、さらに外輪山の外にあふれ出て山麓へと流れ下りました。

一六八四年（貞亨元年）三月から約一か月間続いた噴火は北東海岸まで溶岩を流出し、地震が多発して家屋が倒壊する被害も出ました。「貞享の大噴火」と呼ばれています。

一七七七年（安永六年）八月三一日、三原山山頂火口から噴火がはじまり、島全体にスコリアが降下し、小規模ながら溶岩の流出もありました。一七七八年四月二七日、溶岩の流出を伴った噴火が発生しました。一一月六日には再度溶岩が流出して南西方向の海岸地域にまで達し、一一月には北東方向へ流れ出しカルデラを埋め、外輪山から東に流れ海岸に達しました。一七七九年に入り噴火活動は次第に弱まりましたが、一連の活動は「安永の大噴火」と称されています。

一八九六年には火口底に灼熱の溶岩が露出していました。夜間にはその溶岩が雲に反射し、火口周辺を赤く染める火映現象が見られました。すでに述べているように大島では火映のことを「御神火」と呼んでいます。

一九一二年二月二三日から中央火口丘で溶岩の流出がはじまり、火口内は溶岩と噴石で埋まり、その中で割れ目噴火が起こりました。溶岩流出はさらに続き、噴石丘も形成され火口底には溶岩湖が出現しましたが、一九一五年五月には噴火活動は休止しました。

一九三九年にも噴火が起こり、火口底には溶岩湖が出現しました。

一九五〇年七月一六日に噴火がはじまり、火口底に溶岩が噴出、七月二六日には噴石丘の形成が確認され、その高さは最高峰の三原山（当時の標高七五五メートル）の高さに迫りました。八月末には溶岩は火口底を埋め、九月一三日には火口縁北西部からカルデラ床にまで流出しました。九月二八日ごろにはその溶岩流の流出も終息しました。

一九五一年二月四日に噴火活動が再開し、火口底から溶岩が流れ出し、二月下旬には火口縁からあふれ出し、カルデラ壁にまで達しました。四月一六日から三度目の活動がはじまり、火口底

伊豆大島、三原山の斜面に黒く見えるのはあふれ出した溶岩。

には溶岩湖が出現して噴火が繰り返されました。火口付近の地形は大きく変わり、中央部は五〇メートルも陥没して旧来の中央火口が再び形成されたのです。

このように大島火山では山頂火口内には、灼熱の溶岩が存在する溶岩湖がしばしば現れるのが大きな特徴の一つです。溶岩湖は粘性が低い玄武岩質溶岩の流入によって形成されています。ハワイの火山は流れやすい溶岩と溶岩湖の出現で知られていますが日本では伊豆大島が類似しています。このような溶岩の温度は一〇〇〇~一一〇〇℃程度で、溶岩湖の表面は昼間は黒っぽく見えますが、その黒い表面に赤い筋が見られます。夜間には湖面全体が赤く見え、山麓からでも火口周辺はボーッと赤く、御神火（火映）が見られるのです。

一九八六年一一月一二日、一九七四年二月以来の噴火がはじまりました。一二月まで続いたこの時の噴火活動は現場からリアルタイムでテレビ放映され、日本では初めての「火山噴火の実況中継」となり、各家庭の茶の間に「火山噴火」を届けました。

この噴火の前兆は四月一~二日に発生した群発地震でした。人が揺れを感ずる有感地震が三八回記録されました。七月には一九七四年以来一二年ぶりで地面が常に連続的にビリビリ振動している火山性微動が起こりはじめました。火山性微動は地震計にはノイズのように連続的に記録されますが、人体には感じません。この微動は一一月の噴火開始まで続きました。さらに八月から一一月に地震が頻発し、一一月一二日、南側火口壁に噴気がみられるようになりました。

一一月一五日一七時二五分ごろ、南側火口壁から噴火がはじまりました。真っ赤な溶岩が噴水のように噴き上がる「溶岩噴泉」で、火口内には溶岩湖が出現しました。一九日には溶岩湖のレベルが上がり、火口内に充満した溶岩が、カルデラ内へと流れ下りました。この噴火は二三日まで続きました。

二一日一四時ごろから地震活動が再び活発になり、一六時一五分カルデラ床で割れ目噴火がはじまりました。溶岩は割れ目からカーテン状に噴き上がり（溶岩噴泉）、流れ出しました。この割れ目はカルデラ床の北西－南東方向一キロに八個の噴火口が並びました。

続いて一七時四六分ごろ、外輪山北側の斜面でも噴火がはじまりました。カルデラ床に並ぶ火口の延長線のやはり北西－南東方向に一一の小さな火口が並びました。二〇時四五分ごろにはこの外輪山北斜面からの噴火も停止しました。

二二日〇二時ごろ、カルデラ床の活動もほぼ終わりましたが、二三日にはカルデラ内で二次的に溶岩が流れ出しましたが、その噴火活動はひとまず沈静化しました。

二一日夜、人口一万人の全島民が島から離れ、避難しました。その避難生活は一か月に及びました。

一二月一七日、火山性微動が再度現れはじめ、一二月一八日一七時三〇分ごろ山頂火口より噴火がはじまり、約二時間にわたり爆発が繰り返されました。

一九八七年になっても微動は続き、五月二二〜二五日には群発地震も発生しました。七〜一一日には山頂付近での地震が次第に増え、一一月一六日一〇時四七分に噴火、中央火口が約三〇メートル陥没し、さらに一八日の噴火で直径三五〇〜四〇〇メートル、深さ一五〇メートルの中央火口が再現されました。

その後も地震が頻発したり、小規模な噴火をしたり、弱いながらも火山活動がありましたが、一九九〇年の噴火以後静かな状態が続いています。

伊豆大島は気象庁や地震研究所が協力し、充実した観測網で火山活動の監視が続けられている火山です。ただ地震研究所の火山観測所は無人になりました。

5　火山ガス噴出の三宅島

三宅島（ランクA、七七五メートル）はほぼ円形の成層火山です。頂上には直径三・五キロの外側カルデラがあり、その内側には二〇〇〇年の噴火で生じた直径一・六キロの内側火口があります。山頂のカルデラ内の火口のほか、山腹にも側火口、海岸近くにもマグマ水蒸気爆発による爆裂火口など、島内の至る所に数多くの火口が点在しています。

およそ七〇〇〇年前以降の火山活動は堆積物の状況から調査が進んでいますが、それ以前の活動は試資料も少なく、ほとんど未解明です。二五〇〇年前には過去一万年間でもっとも噴出物の量が多い噴火が起こり、島の中央には大きなカルデラが形成されました。それ以後一二世紀後半まで、このカルデラからの噴火が続き、スコリアや溶岩が噴出し、雄山が形成されました。山腹からも数多くの噴火が発生しています。その後の一五世紀後半までの三〇〇年間、噴火は確認されていません。

一六四三年（寛永二〇年）三月三一日一八時ごろ、有感地震が起こり、二〇時ごろには噴火し、その活動は三週間続きました。溶岩は一キロほど海へ流れ出て、島の西側にあった阿古村は全村焼失、風下の集落には火山灰や噴石が積り、人家、田畑が埋まりましたが、死傷者はいませんでした。

一七一二年（正徳元年）二月四日一八時より有感地震が頻発し、二〇時ごろから噴火、溶岩は海中にまで流出しました。活動は二週間でほぼ沈静化しましたが、噴気は翌年まで続きました。

一七六三年（宝暦一三年）八月七日夜、雄山山頂から噴火がはじまり、その後西側山麓からも噴火し、新しい噴火口には水が溜まり池となりました。活動は一七六九年まで続きました。

一八四一年（文化八年）一月二七日夜、山頂から北東山腹で噴火、翌朝六時ごろには沈静化しましたが、二月一日まで地震は頻発していました。

一八三五年（天保六年）一一月一〇日、地鳴り、鳴動が頻発したあと、西側山腹から噴火がはじまり溶岩も流出しました。同日夜には噴火は沈静化しましたが、地震の頻発は続き、地面の崩壊や地割れが生じました。阿古村に温泉が湧出しました。

一八七四年（明治七年）七月三日午前八時ごろから地震が起こりはじめ、正午ごろ北斜面の山中で噴火がはじまり、溶岩が流れ出て北の海岸に五〇〇〇平方メートルの陸地が出現しました。活動は二週間続き、人家四五棟が溶岩に埋没、死者一名が出ました。

一九四〇年七月一八日、一九時三〇分ごろ北東山腹より噴火し、流出した溶岩は海岸に達しました。前年末から付近の噴石丘や海岸で水蒸気が発生し、噴火の数日前には地震や鳴動がありました。山腹噴火は翌日には終息しましたが、一四日から山頂噴火がはじまり、八月八日ごろまで多量の噴石や火山灰の噴出が続きました。死者一一名、負傷者二〇名、牛三五頭が死に、全壊や焼失家屋二四棟など、大きな被害が出ました。

一九六二年五月より地震が群発したあと八月二四日二二時過ぎ、北東山腹の標高二〇〇〜四〇〇メートルの地域で噴火がはじまり、約三〇時間の活動で終息しました。噴火は割れ目噴火、溶岩噴泉で、多くの火口から溶岩が流れ出し海中にまで流入しました。

噴火中から有感地震が多数起こり、八月三〇日には二〇〇〇回以上を数えました。その震源域は噴火地域の反対側の島の北西地域で住民は不安となり、学童が疎開しましたが、年末にかけてすべての活動が沈静化しました。噴火による被害は焼失家屋五棟のほか、山林、耕地にも及びました。

一九八三年一〇月三日、「昭和五八年（一九八三年）三宅島噴火」が発生しました。一五時二三分ごろ、南西山腹に生じた割れ目から噴火が起こり、溶岩噴泉で流出した溶岩は三方向に流れ、南南西への流れは海中に達し、西方への流れは阿古地区の人家を飲み込み、海岸に達しました。また南部ではマグマ水蒸気爆発が発生し、多くの噴出物が被害を増大させました。家屋の埋没・焼失が約四〇〇棟、山林、耕地にも被害が出ましたが人的被害は起こりませんでした。

このように最近五〇〇年間では一七〜六九年の間隔で、平均すれば五〇年に一回の割合で噴火が発生し、そのたびに二〇〇〇〜三〇〇〇万トンの溶岩、火山灰、噴石などを噴出しています。山頂から北－東南東、西－西南西の地域の山腹から山麓にかけての短期間の割れ目噴火が多いですが、ときには山頂からの噴火も発生していました。島の至る所で噴火が発生しているのが、三宅島の火山噴火の特徴です。

二〇〇〇年に発生した噴火活動はそれまでの活動とは趣を異にしていました。六月二五日の夕刻から島の直下で地震が頻発し、地殻変動の観測にも変化が起きていました。一九時三三分、噴火の恐れがあるとして、気象庁は「緊急火山情報」を発し、住民の注意を喚起しました。

海底噴火したのかどうかははっきりしませんが、島の西

三宅島

側の海面で変色した水域が確認されました。震源はさらに西方沖へと移動して、新島－神津島近海で活発な群発地震活動が続きました。最大地震がM6・5、震度6弱と大きな群発地震の発生となりました。一般に群発地震活動では一つ一つの地震は小さく、マグニチュードが6を超えるのは極めて珍しいことです。この時点では上昇したマグマは西方へ移動していたと考えられていました。

ところが七月四日から雄山の山頂直下で地震が起こりはじめ、八日に山頂から繰り返し爆発する噴火活動がはじまりました。八月一八日の大規模なブルカノ式噴火では噴煙が一万四〇〇〇メートルにまで達し、島内全域に大量の噴石や火山灰を降らせました。二九日には低温の火砕流が発生し、海岸に達し、堆積していた火山灰は雨により泥流となって流れました。

この間に山頂では陥没が進行し、直径一・六キロ、深さ五〇〇メートルの火口が出現し、内側カルデラが形成されました。九月には爆発的な噴火活動はほぼ終了し、その後は大量の火山ガスが山頂から放出されるようになりました。火山ガスの主成分は二酸化硫黄（亜硫酸ガス）で、人体には有害です。火山ガスの噴出は一〇月ごろで一日に二～五万トンでしたが、火山活動の低下とともに減少してゆき、二〇〇三年には一日一万トン以下になりました。

八月二九日の大噴火の後、九月一日に三宅村は全島民を島外に避難させることを決定し、二～四日には全島民三八五五名、世帯数一九七二が本土に避難しました。島民の避難生活は、火山ガスの心配がなくなった二〇〇五年二月まで続きました。

火山噴火で一日数万トンという大量の火山ガスが長期にわたり噴出を続けたのは、日本の火山噴火ではもちろん、世界の火山噴火史上でも初めての事例と考えられています。火山災害の面から新しい問題提起をした噴火でした。

6　国土を広げる西之島

西之島（ランクB、標高一六〇メートル。ただし現在も活動中で計測できていない。北緯二七度一四・六分、東経一四〇度五二・七分）は都心から一〇〇〇キロ南の小笠原諸島に属し、父島の西一八〇キロに位置する無人島です。一七〇二年にスペインの帆船ロサリオ号によって発見されたことからロサリオ島と呼ばれることもあります。

一九七三年五月から一九七五年五月に有史以降初めて噴火が確認されました。そして新島が出現し、溶岩の流出で旧島と一体化しました。このころの島の面積は〇・二九平方キロ、東京ドームの一・五倍程度でした。一九九二年に発行された地形図では、島の最高点の高さは二五メートルです。

より大規模で同じような噴火活動が二〇一三年から発生しました。二〇一三年一一月二〇日、西之島のおよそ五〇〇メートル南東沖で一〇〇メートル×二〇〇メートルの新島が出現しているのが確認されました。新島からの溶岩の流出は続き、一二月二六日にはついに旧島と接合しました。新島のあちこちからの噴火が継続し、大量の溶岩の流出が続き、二〇一四年一二月ごろには、旧島はほとんど流れ出た溶岩流に飲み込まれてしまいました。その後、新島の中央火口内に火砕丘が形成され、噴火が続いているほか、島内の至る所で噴火が起きています。海岸から流れ出た溶岩は、次々に陸地化し島は拡大を続けています。二〇一九年五月に発行された地形図では、島の面積は二・八九平方キロ、島の最高点の標高一六〇メートルで、面積は一九七五年ごろの一〇倍になりました。火山噴火によって日本の国土が拡大したのです。その結果、排他的経済水域は一〇〇平方キロ広くなりました。火山がもたらす恩恵と云えるでしょう。

5　西日本火山帯フロントの火山

日本列島の中では近畿・中国・四国地方にはほとんど火山は存在しませんが、その中でただ二つの活火山が島根県の三瓶山と山口県の笠山を含む阿武火山群です。鳥取県の大山（一七二九メートル）も活火山に分類されていましたが、最新の噴火が二万年前ぐらいと推定され、活火山からは外れました。

フィリピン海プレートの沈み込みによって形成されている西日本火山帯フロントの北端は中国地方の三瓶山や阿武火山群ですが、九州に入るとランクAの活動的な火山が並んでいます。また薩南諸島も火山列島でランクA、Bの火山島が並んでいます。

笠山（ランクC、一一二メートル）は山口県萩市北東に位置し、日本海に突き出た基底が七〇〇〜

八〇〇メートルの「日本一小さな火山」と云われています。山口県北東部に分布する四〇ほどの火山体を総称して「阿武火山群」と呼んでいます。およそ二〇〇万～一五〇万年前に溶岩台地が形成され、八〇万年前、四〇万年前とその活動は区分されています。

標高一一二メートルの頂上には、直径三〇メートル、深さ三〇メートルの噴火口が存在していますが、一万一〇〇〇年前に海抜六〇メートル付近まで溶岩台地が形成されました。そして三〇〇〇年前にはストロンボリ式噴火が繰り返され、現在の砕屑丘が形成されました。現代人は笠山の噴火を見ていませんが、縄文人、そして弥生人は目の前で起こる自然の猛威を恐れながら、見続けたのではないでしょうか。

鶴見岳（ランクB、一三七五メートル）は大分県別府市の背後に南北五キロにわたり並ぶ溶岩ドームの南端に位置し、山頂北側に噴気孔があります。この火山群（ドーム群）の東側山麓に広がる扇状地が別府温泉です。北端の伽藍岳（一〇四五メートル）の山頂付近には直径三〇〇メートルの火口地形が残っており、一九九五年の活動では直径一メートルぐらいの噴気孔がブツブツと泥土を噴出して長径一〇メートル、短径七メートル、高さ四メートルの楕円形の泥火山が形成されました。ただし、この活動は『理科年表２０２１』には記載されていません。

由布岳（ランクC、一五三八メートル）は鶴見岳の西側に位置し、「豊後富士」とも呼ばれ、その西側には湯布院温泉があります。二二〇〇年前に規模の大きな噴火活動が発生していますが、有史以後の活動記録はありません。

九重山（ランクB、中岳の標高一七九一メートル）は大分県中西部、熊本県との県境近くに位置し、東西一五キロに分布する二〇以上の溶岩ドームや成層火山の集合体です。有史以後も噴気活動が活発になったり、水蒸気爆発が起こったりしています。西側には八丁原、大岳などに地熱発電所が設置されています。

開聞岳（ランクC、九二四メートル）は薩摩半島南端に位置し、「薩摩富士」とも称され、頂上に溶岩ドームのある成層火山です。北東部には池田カルデラが広がり、池田湖、山川などのマールが点在しています。開聞岳の活動は四〇〇〇年前にはじまり、八八五年（仁和元年）八月二九日の大噴火で頂上部に溶岩ドームが出現しました。

1　縄文時代の埋没林のある三瓶山

三瓶山（ランクC、一一二六メートル）は島根県西部に位置し、一〇万年前からの火山活動によって形成されました。何回かの火砕流を伴った大噴火が確認されています。主峰を男三瓶（親三瓶）と呼び、これを中心に女三瓶、子三瓶、孫三瓶の溶岩ドームが室の内という火口跡を囲んで、一家団欒の姿を見せています。室の内はカルデラで、それを囲むようにドームが並んでいます。

約一万年前以降、四五〇〇年前、三六〇〇年前、それ以降で時期が不詳の少なくとも三回の火山活動があったと推定されています。この最近の噴火でも火砕流や溶岩流が噴出し、火砕丘が形成され、火砕泥流が発生し、森林が埋まり、埋没林として現在に至っています。

三瓶山山頂の一キロほど北側付近に発見された埋没林は「三瓶山小豆原埋没林」と呼ばれています。一九八三年に水田工事中に、二本の立木が現れ、撤去されました。数年後、発掘時の記録写真から立木の意味することの重要さに気が付かれ、一九九八年から発掘調査がなされ、埋没林が発見されました。発見された埋没林は国の天然記念物に指定され「縄文の森発掘保存棟」が作られ、地下展示室では発掘されたままの状態や、埋没した状態で保存、展示がなされています。

三瓶山

この埋没林は、その地層の保存状態から三六〇〇年前(保存館の解説では三五〇〇年前ですが、どちらも同じと考えてください)の噴火に伴う山体崩壊で発生した岩屑なだれによって形成されたと考えられています。

岩屑なだれの本流から外れていた小豆原川の谷へは、下流から上流へと逆流するように岩屑なだれが襲い、そこにあった森林を埋め尽くしました。逆流で流れの勢いが弱まり、立木は倒れることなく根元が埋まりました。埋没林の下流側に流されてきた倒木が堆積していることから、逆流したことが解明されました。岩屑なだれで下流を堰き止められた小豆原川は、上流から大量の土砂や火山灰が流れてきて、堆積し、さらに立木は埋められ、自然林の形がその

三瓶山埋没林で発掘された大木の根

まま保存されたのです。立木は頭部まで埋まらなくても、間もなく枯死したようで、立木も倒木も枯れた時期はほぼ同じです。

埋没林のある地層のすぐ上の地層には炭化した木片もあり、その後の噴火で火砕流が発生し、木々が燃えたことが分かります。三瓶山の噴火により縄文時代の森林が埋没したことで、現代の私たちは、縄文時代の森林の姿を推測できる貴重な遺跡となっています。

2　巨大カルデラの阿蘇山

阿蘇山（ランクA、高岳の標高一五九二メートル）は東西一七キロ、南北二五キロの楕円形をした阿蘇カルデラとその中に並ぶ中央火口丘で構成される火山群の総称で、「火の国」熊本を象徴しています。中央火口丘には東西に一七個の独立した山体が並んでいますが、主峰の高岳以下、根子岳、中岳、烏帽子岳、杵島岳の五岳が「阿蘇五岳」と呼ばれています。

阿蘇カルデラは三〇万年前から九万年前までの間に四回の大きな活動期によって形成され、その後はカルデラ内に中央火口丘が形成される活動が続き、現在の形になりました。九万年前の活動期には噴出した火砕流が海峡を越えて四国に達し、伊方原発の訴訟にまで影響した活動です。

中央火口丘の活動の一つの例は杵島岳で、三四〇〇年前のプリニー式噴火で形成され、その北西側二キロにある米塚は二七〇〇年より新しい時代の溶岩流出とスコリア（岩屑）の噴出によって形成されました。

中岳はおよそ四八〇〇年前に溶岩が流出したあと、三八〇〇～三六〇〇年前に火山灰の噴出が活発となり、現在も活動を続けている阿蘇唯一の火山です。中岳の活動は五五三年（欽明天皇一四年）から知られており、有史以後は溶岩が流出したような大噴火は発生せず、主に赤熱の溶岩片を噴出するストロンボリ式噴火を繰り返しています。噴火記録が残る世紀は、六、九、一三～一九で、過去八〇〇年間は、毎一〇〇年間に数回から二十数回の噴火活動が記録されています。

二〇世紀に入ってもその活動は続いていますが、一九二八年に京都大学が火山観測所を設置して以来、次第に観測網が充実し、火山活動が詳しく観測、記録されるようになりました。現在では世界でも、もっとも研究が進んでいる火山の一つです。

中岳の火口は南北一・一キロ、幅三〇〇～四〇〇メートルで、北から南へ第一火口から第四火口まで、四つの火口に分かれています。そしてそのどの火口から噴火が発生したのか、その噴火地点も詳細に分かるようになりました。

現在の阿蘇山では、溶岩や火砕流が噴出するような大規模な噴火は有史以来発生していません。一八一六年（文化一六年）六月から噴火活動が続きましたが、七月に噴石で一名が死亡した記録が

阿蘇・中岳の火口縁に設けられた噴石除けのシェルター

あります。簡単に噴火口縁まで登れ、噴火を眺めることができることから、近代になって噴火見物の観光客が噴石の直撃を受け死傷する事故が起こるようになりました。

一九三二年六月と九月に第一火口が活動し、一一月からは黒煙が上がり噴石を飛ばす活動になりました。一二月一八日には噴石のため火口付近で一三名が負傷しました。以後噴火が起こると死傷者が出るという同じような事故や周辺域への降灰や噴石の落下による被害などが繰り返されました。

一九七九年六月〜一一月、噴火活動が活発になり、ストロンボリ式噴火が繰り返され、赤熱の噴石があり、火口周辺では降灰も認められました。九月六日の爆発では火口北東の楢尾岳周辺で死者三名、重軽傷者一一名の被害が発生し、ロープウエー火口駅東舎も被害を受けました。一一月には多量の降灰を伴った爆発が起こり、宮崎県北西部、大分県、熊本市内でも灰が降り、農作物にも被害が出ました。

一九三三年から一九七九年の噴火に関する阿蘇測候所の調査では、噴石が飛んだ範囲は中岳第一火口からほぼ一キロの範囲です。そこで一九七九年の噴火の時にも、中岳火口周辺一キロ以内の立入禁止措置がとられていたにもかかわらず、観光客が規制区域に入って死傷する結果になりました。

その後も阿蘇山周辺では同じような活動が繰り返され、周辺に降灰があり、農作物にも被害が出ています。一九九七年一一月二三日には、火口から放出されてきた二酸化硫黄（亜硫酸ガス）によって、観光客二名が死亡する事故も起きました。

阿蘇山の火口縁には突然の噴火に備えて、シェルターが設けられています。阿蘇山は活動中の火口縁まで簡単に登れ、自然の驚異を実感できるので、観光地として人気を呼んでいます。しかし、観光客自身が火山を理解し、その危険性を知ることが重要です。安全の確保には自分自身の責任が含まれていることを認識すべきです。

3　津波被害を起こした雲仙岳

雲仙岳（ランクA、一四八三メートル）は島原半島の中央部を九キロの幅で東西に横断している雲仙地溝帯内に中心が位置し、南北二五キロの成層火山で、古くは「温泉岳」と呼ばれていました。西側は古い山体、中央部に東に開いた妙見カルデラがあり、その中に妙見岳、普賢岳、平成新山などの溶岩ドーム群、さらにその東側に眉山溶岩ドームが並んでいます。一九七一年、九州大学が島原地震火山観測所を設置し、気象庁とともに雲仙火山の活動を常に監視する体制が構築されました。有史以後の噴火活動はいずれも普賢岳からですが、溶岩流出が三回あります。西側では群発地震がしばしば発生し、地熱活動もあります。

一六六三年（寛文三年）一二月に普賢岳の北北東九〇〇メートルにある飯洞岩付近から溶岩が幅一五〇メートル、長さ一キロにわたり流れ出ました。「古焼溶岩」と呼ばれています。

一七九一年（寛政三年）一一月、島原半島西部で地震が頻発しはじめ、その活動域は西から東へと半島を横切るように移り、半年間続きました。一二月には半島の小浜で山崩れが発生しました。群発地震活動が続いていた一七九二年（寛政四年）二月一〇日、普賢岳で鳴動がはじまり、山頂付近の地獄跡火口から噴煙が昇り、土砂の噴出がはじまりました。二月二八日、普賢岳の北東一キロの地点、古焼溶岩の北東側で噴火が起こり、溶岩の流出がはじまりました。溶岩の流出は二か月間続き、幅二二〇〜三〇〇メートル、全長七キロになり「新焼溶岩」と呼ばれています。

五月二一日一八時ごろ、二回の強い地震とともに前山（現在は眉山）が南東山頂から山麓まで一気に大崩壊を起こし、岩屑なだれが有明海へと流れ込みました。このため津波が発生し、対岸の肥後や天草（現在はともに熊本県）を襲い大災害が発生しました。この地震は「寛政の島原地震（M6・4）」と呼ばれています。

島原では海岸の二キロ四方の広さが埋め立てられた陸地となり、沖合には大小の小島が出現しました。この小島群が現在の「九十九島」です。島原側での死者は約一万人、牛馬もおよそ五〇〇頭が犠牲になり、村落すべてが埋没しました。肥後側での死者は約五〇〇〇人、死者の総数一万五〇〇〇人は現在でも日本の火山災害史上、最大の数を記録しています。この災害では、噴火は文字通り対岸の火事であった肥後の国でも、津波の襲来により大被害が発生したことから「島原大変肥後迷惑」と云われました。

前山の崩壊は普賢岳の噴火活動中に発生していましたが、その引き金は五月二一日夜に続発した二回の大きな地震でした。前山で噴火が起きたのではありません。その後、雲仙岳周辺では群発地震はたびたび起きていましたが、噴火活動は静かでした。

一九八九年一一月二一～二四日、西側の橘湾で群発地震が起こりました。一九九〇年には七月四日から火山性微動が連続的に現れはじめ、七月二四～二五日には西側山麓で群発地震が発生し、一〇月二三日にも最大地震のM2・3を含む群発地震活動が起こりました。

一九九〇年一一月一七日〇三時二二分より連続的に微動が発生し、未明に普賢岳山頂東側の地獄跡火口から噴火がはじまりました。一九八年ぶりの噴火です。周辺には灰が降り、噴煙の高さは四〇〇メートルに達しました。二〇日、二三日と群発地震は起こりましたが、噴火活動は小康状態を保ちました。

一九九一年二月一二日、屏風岩火口からも噴火がはじまり、五月までは二つの火口からの小規模な噴火が繰り返されました。五月一二日から山頂部（噴火している領域）で初めて地震が起こり、次第にその数が増えていきました。

五月二〇日、地獄跡火口からマグマが現れ、溶岩ドームの形成が確認され、次第に成長していきました。五月二一日にはその溶岩ドームの一部が崩壊し火砕流が発生し、以後火砕流がたびた

雲仙岳火砕流の噴煙

び発生するようになりました。

五月二六日に火砕流に対する避難勧告が出され、六月七日に最初の警戒区域が設定され、以後その範囲は次第に拡張されました。

六月三日、火砕流により死者・行方不明者四三名、一七九棟の建物が被害を受けるという、この噴火で初めての火山災害が発生しました。火砕流による建物の被害は六月八日に二〇七棟、九月一五日に二一八棟と続発しました。九月ごろが避難対象人口数の最大時期で、一万一〇〇〇名に及びました。

年が明けても溶岩ドームの成長は続き、ときどき崩壊して火砕流が発生するというパターンが繰り返されました。一九九二年八月八日にも火砕流が発生し、一七棟の建物が被害を受けました。一九九二年年末の時点では、避難対象人口は二〇〇〇名でした。

一九九三年から一九九四年にも溶岩ドームの成長、崩壊、火砕流の発生というパターンが繰り返されていました。さらに地殻変動の影響も現れ、それまでは東側ばかりであった火砕流が北北西方向にも流れ出しました。一九九五年に入り、溶岩ドームの成長がようやく止まり、二月一一日を最後に火砕流の発生もなくなり、ドーム下での群発地震の発生もほぼ終息しました。一九九一～一九九五年の火山活動で噴出した噴出物の総量は、溶岩に換算して二億立方メートルと見積もられ、地震計に記録された火砕流は九〇〇〇回に達しました。

4　天孫降臨の地・霧島山

霧島山（ランクB、韓国岳の標高一七〇〇メートル）は宮崎・鹿児島県境で、加久藤カルデラの南縁に位置しています。北西－南東方向二五キロ、南西－北東方向一八キロの範囲に二〇数個の火口が並び、成層火山、砕屑丘が連なる火山群です。成層火山は高千穂峰、中岳、大幡山などで、砕屑丘は韓国岳、大浪池、高千穂峰の側火口・御鉢、新燃岳などです。各山ともそれぞれ山体の大きさに比較して、大きな火口を持つのが特徴です。御池や不動池はマールで、温泉、地熱地帯のあるえびの高原をはじめ、山系のあちこちに火口湖が点在しています。

霧島山系は、数千年前にはほぼ現在の山体が形成されていたと考えられています。三〇〇〇年前には御池マールを形成した霧島火山では最大規模のプルニー式噴火があり、一七六八年には韓国岳の北西から溶岩が流出して、硫黄山（現在も地熱地帯）が出現しました。しかし記録に残る霧島火山の噴火はほとんど御鉢と新燃岳です。

御鉢は古事記や日本書紀に出ている神代時代の天孫降臨の地で、山頂に天の逆鉾が立つ高千穂峰の西側に大きな火口が開いています。最古の噴火記録は七四二年（天平一四年）一二月二三～

二八日の噴火です。七八八年（延暦七年）、九四五年（天慶八年）と御鉢の活動記録があります。

霧島山の南五〇キロに位置する桜島は一九一四年（大正三年）噴火以後現在まで、一〇〇年以上にわたり活発な火山活動を続けていますが、それ以前はむしろ霧島山の活動が多く、特に一八八〇年から一九一四年までの三〇数年間は御鉢が活発に活動していました。

一八八〇年九月、御鉢が一七四年ぶりに噴火し、火口内に硫黄が堆積しました。その硫黄は採掘されていましたが、一八八八年五月九日、一八八九年一二月の噴火で飛散してしまいました。一八九一年六月一九日、一一月一〇日、それぞれ一昼夜で一四～一五回の噴火があり、周辺四キロの山麓に降灰があり、草木が枯死しました。一八九四年二月二五日一〇時三〇分の爆発では広い範囲で灰が降り、火口から六キロの地点で小豆大の噴石がありました。

天孫降臨の高千穂峰、手前は新燃岳

一八九五年一〇月一六日一二時二六分に噴火し、周辺地域では数日前から噴煙の勢いが増しているのが目撃され、鳴動も聞こえていました。降灰、噴石で山麓では家屋二二棟が焼失、御鉢の西二〇〇～三〇〇メートルの地点にいた四名が岩塊の直撃を受け死亡しました。それ以後も毎年

のように噴火活動が記録され、噴石が飛び、死傷者も出ています
一九一三年五月一六日から一一月一六日まで、北西の加久藤カルデラで地震が群発し、強震度四回、弱震度一二三回を数え、「真幸（マサキ）地震」と呼ばれています。一一月八日二三時ごろに御鉢で噴火が発生し、火口からの火柱が目撃され、噴石は一〇キロも離れた地点まで飛びました。一二月九日〇四時一五分にも爆発し、多量の灰が山体に降っています。

一九一四年一月八日午前二時二〇分ごろ、御鉢より噴火し、宮崎市での爆発音は前年より強く、一〇〇キロ離れた地点でも聞こえました。火口から七キロの地点で栗の実大の噴石が降りました。一九一五年七月一四日から八月六日、加久藤カルデラで強震数回を含む群発地震が発生し「栗野地震」と呼ばれています。その後、一九二三年に噴火があり一名が死亡しましたが、その噴火を最後に御鉢は現在まで一〇〇年近く沈黙しています。

有史以後の霧島山の火山活動は、ほとんど御鉢と新燃岳です。御鉢の活動が活発な時には新燃岳は静かで、逆に新燃岳が活動しているときには御鉢の活動が静かであるという傾向があります。

一六五九年（万治二年）から一七〇六年（宝永二年）まで御鉢からの噴火が起こっていますが、その間、新燃岳からの噴火は起こっていません。一七一六年（享保元年）から一八三二（天保三年）までは、逆に新燃岳の活動は活発でしたが、その期間、御鉢は活動していません。

特に一七一六年（享保元年）一一月九日の新燃岳の噴火では火砕流が発生しています。周囲一五キロの範囲内の数か所で火災が発生しました。周辺の山林と神社仏閣すべて焼失し、家屋の

焼失は六〇〇余軒、死者五名、負傷者三〇名以上、牛馬四〇五頭が死に、農作物にも大きな被害が出ました。翌年も同じような活動が続き、二月一三日〇九～一二時の噴火でも、火砕流が起こり、周辺地域に大きな被害が発生しています。また九月一九日にはプリニー式噴火が発生し、数十キロ四方の田畑が埋まりました。

一七七一（明和八年）～一七七二年（明和九年）には水蒸気爆発が起こった後、火口底に溶岩湖が現れ、火砕流が発生しました。その後プリニー式噴火が発生し、周囲一〇～二〇キロの範囲で田畑の埋没、山林が枯死する被害が出ています。一八二二年（文政四年）一月一二日、新燃岳の七～八合目に新しい火口が四か所確認されています。

その後、霧島山の噴火は御鉢に移り、新燃岳の活動は静かでしたが、一九三四年に新燃岳の火口湖の水が混濁し、ガスが発生し、周辺の草木が枯死しているのが認められました。

一九五八年一一月九日と一九日、大浪池の火口縁から小噴気の活動が認められました。

一九五九年二月一七日一四時五〇分ごろ新燃岳で爆発的な噴火が発生し、周辺の市町村に噴石や灰など多量の噴出物が降り、森林、耕地、農作物に被害が出ました。

この噴火を契機に東京大学地震研究所はえびの高原に霧島火山観測所を設立、周辺の地震活動と霧島山の火山活動を監視・研究が開始されました。

一九六八年二～四月、加久藤カルデラ内で「えびの地震」が起こり、M6・1の最大地震とM5クラスの地震四回の合計五回の地震を主震群とする群発地震でした。死者三名、住家の全壊三六八棟などの被害が出ました。

その後も霧島山周辺では群発地震がときどき発生していました。一九八一年から新燃岳の周辺でも地震がときどき起こるようになっていましたが、一九九一年一一月二四日に噴火が発生し、その後灰を降らせるような小規模の爆発がありましたが、二〇世紀の間に沈静化していました。

二〇〇二年御鉢の周辺で火山性地震が発生し、火山性微動も観測されましたが、噴火には至りませんでした。

二〇一一年一月二六日、新燃岳は久しぶりに大きな噴火がはじまり、大量の火山灰を周辺に降らせ、農作物に被害をもたらしました。そして山頂火口内に溶岩が流出しました。霧島山（新燃岳）の噴火としては二三〇年ぶりの溶岩の出現です。

私は霧島火山観測所に勤務していた一九七三年に、霧島火山と桜島火山の活動に関する論文を発表していました。霧島山と桜島は交互に活動する傾向があること、二〇世紀は桜島が活発に活動しているが、二一世紀には桜島の活動は沈静化し、霧島が大きな活動をするだろうとの予測をしていました（『関東大地震50周年論文集』、東京大学地震研究所、一九七三）。ですから新燃岳噴火のニュースを見て、どんな噴火か、溶岩が現れるか、など注目していたところ、火口内を溶岩が埋めたとの報に「我が意」を得ていました。それから一〇年、桜島はまだ活動を続けていますが、私の予測は霧島山に関しては的中し、今後も噴火が続き、やがては御鉢からも噴火がはじまるでしょう。また桜島は沈静化に向かうはずです。

こんなことを考えられたのも、毎日火山を観察し、その変化を見ていたからです。現在は無人観測所になっている霧島火山観測所ですが、霧島山の火山活動の監視には重要な役割を果たしてきています。

5　有史以来五回の溶岩大流出・桜島

桜島（ランクA、南岳の標高一〇六〇メートル）は錦江湾（鹿児島湾）北部を中心とする南北一七キロ、東西二三キロの姶良カルデラの南縁に生じた成層火山で、北岳、中岳、南岳の三峰といくつかの側火口が並んでいます。「桜島」と呼ばれるように、錦江湾に浮かぶ東西一〇キロ、南北八キロの火山島でしたが、一九一四年の噴火で流出した溶岩によって東側が大隅半島と陸続きになりました（第4章5参照）。そのため現在は東西一二・二キロ、南北九・五キロ、周囲五二キロのやや楕円形に近い形になっています。

およそ一・一万年前から北岳の活動がはじまり、四五〇〇年前まで続きました。四〇〇〇年前から南岳の噴火がはじまり、その活動は現在に至っています。

有史以後の山頂噴火は南岳に限られ、山腹や付近の海底からも噴火し、五回の溶岩流出が確認されています。現在は一九一四年以来ほとんど休むことなく噴火が続き、二〇世紀から二一世紀にかけて一〇〇年間以上も、地球上でもっとも活発な活動を続けている火山の一つです。

桜島の火山活動に関するもっとも古い記録は七〇八年（和同元年）です。七六四年（天平宝宇八年）に錦江湾の中で噴火が起こり、湾の北岸に沖小島を含む三島が出現し、桜島では東側の鍋山が現れ、長崎鼻溶岩（瀬戸溶岩）が流出しました。この溶岩流は「天平溶岩」とも呼ばれていま
す。

一四七一〜一四七六年（文明三〜八年）には「文明の大噴火」が発生し、東側の黒神に溶岩が流れ出ました。その後も噴火は繰り返されました。一四七六年一〇月、島の南西側への大量の溶岩が流出、噴石、降灰などで多くの家屋が埋没し、「人畜死亡せしこと数知らず」と書き残されています。この時の溶岩流は「文明溶岩」と呼ばれています。

一四七八年（文明一〇年）の噴火を最後に、その後は一六四二年（寛永一九年）まで、噴火の記録はありません。桜島の火山活動は一六世紀を中心におよそ一六〇年間は静かでした。

一七七九〜一七八二年（安永八年〜天明元年）に「安永の大噴火」が発生しました。三日前から地震が頻発し、噴火当日の朝には浜辺にあった井戸が沸騰して噴出し、海水は紫色に変色していました。午前一一時ごろに南岳山頂火口から白煙が立ち昇りました。一四時ごろ南岳南側中腹から黒煙が一万メートルも上昇、爆発が起こり黒煙の中に無数の雷光が見えました。火山雷が発生したのです。一六時ごろ北東側中腹からも噴火がはじまり、翌九日早朝には最盛期に達しました。溶岩も流れ出しはじめ、一五〇余名の犠牲者が出ました。この噴火で流れ出した溶岩流は「安永溶岩」と呼ばれています。

島周辺の海底からも噴火が発生し、ひと時は九島の小島が現れましたが、その後、互いにくっ

ついたり消滅したりして、現在は五島になっています。噴火後、錦江湾西部の鹿児島市や北部の海岸では潮位が上昇し、四五年たっても戻らず、満潮の時は街中に海水が溢れました。噴火により地盤が沈降した地殻変動の結果です。この活動中の一七八一年四月に起こった海底噴火では、津波が発生し、死者八名、行方不明者七名、船舶六隻が流出する被害も発生しています。

安永の大噴火後、二回の中規模な活動がありましたが一八〇〇年代の桜島の火山活動は静穏期でした。しかし、およそ一一〇年間の沈黙を破り、桜島は活動を再開しました。一九一四年（大正三年）一月一二日午前三時四一分、鹿児島市では最初の地震を感じましたが、桜島では一〇日夜半から地震を感じはじめ、一一日午前九時ごろには道路が破損する被害が起きています。その詳細はすでに第4章5で述べていますが、多少の重複はありますが、もう少し補足しておきます。

一月一二日、朝から島の南側の海岸では温泉が湧出し、水柱は一メートルに達し、午前八時三〇分には北側の海岸でも水の湧出があり、二二日にも同じような現象が確認されています。

午前一〇時ごろ、南岳の西側、標高五〇〇メートルの地点から噴火がはじまり、噴火五分後には、昼間であるのに、火口付近には赤い火柱が確認されています。一〇分後には東側の鍋山東斜面の標高四〇〇メートル付近からも噴火がはじまり、噴煙は三〇〇〇メートルの高さに達しました。午前一一時三〇分には溶岩の流出がはじまりました。一四時三〇分～一五時三〇分、島全体が噴煙で覆われ、火山雷が発生し、噴火の爆発音は激しさを増しました。

一八時二九分、M6・1の最大地震が発生し、小さな津波も発生しました。鹿児島測候所（当時）の地震計が地震により破損し、その後の地震活動の詳細は分かりませんが、有感地震は非常に少なくなりました。地震による災害は、鹿児島市の海岸地域でひどく、死者一三名、全壊家屋は三九棟でした。

二三時～翌朝五時、地震後増大した火山活動に伴う振動や溶岩噴出の最盛期で、竜巻も発生しました。

噴煙上げる桜島

一三日午前一〇時、噴火活動は衰えはじめました。

一連の活動で、西側七個、東側八個の火口から溶岩が流れ出ました。西側の溶岩流は一六日朝には海岸の沖合五〇〇メートルの地点まで達し、正午ごろには沖合六〇〇メートルの烏島に届き、二〇日には島は完全に溶岩に包まれその存在が分からなくなりました。

東側の溶岩も一六日には海岸に達し、海水面から激しく水蒸気が上がり、大隅半島との間の海は狭まり。二九日には完全につながりました。島の東側の黒神集落は完全に埋まりました。流れ出た溶岩は「大正溶岩」と呼ばれています。

二五日、西側からの噴火はほぼ終息しましたが、東側はときどき強い噴火を繰り返しながら八月になっても活動していました。桜島及びその周辺地域では大きな地殻変動が起きており、広い地域で最大二メートルも沈降していましたが、一九三二年の水準測量では噴火前に近い状態にまで回復しました。

この噴火では三集落が埋没し、全壊家屋一二〇棟、死者五八名、負傷者一一二名、農作物に甚大な被害が出ました。

噴火直後から大森房吉らが現地に入り、地震観測などの調査が行われ、詳細な報告が残されています。一九一〇年の有珠山の噴火に続き、本格的な火山物理学的研究がはじまった噴火でした。

大正の大噴火後、桜島の火山活動は小康状態を保っていましたが、一九三九年一〇月二六日、南岳東南東中腹の標高七三〇メートル地点から噴火し、小規模な火砕流が発生しました。この活動は一一月一二日には終息しました。その後も同じように小規模噴火を繰り返していましたが、一九四六年にふたたび大噴火が起きました。

一九四六年一月、桜島の小さな爆発で、鹿児島市に灰が降るようになったのです。三月になると降灰は毎日続くようになりました。三月九日二二時ごろから、南岳東斜面の標高八〇〇メートル地点から溶岩の流出がはじまりました。溶岩は北東と南に流れ、四月五日には北東の流れが海岸に、また五月二一日には南の流れが有村海岸に達しました。六月には噴火は衰えましたが、一一月ごろまで、ときどき降灰を伴う噴火が発生していました。死者は一名でしたが、山林が焼失し、農作物に大きな被害が出ました。このときの溶岩流は「昭和溶岩」と呼ばれています。

一九五五年一〇月一三日一四時五二分ごろ、南岳山頂から爆発、死者一名、負傷者九名の人的被害が出て、多量な降灰により農作物にも被害が生じました。この噴火以後、桜島の噴火様式に変化が生じました。それまでは比較的静穏期間が長く、ときどき噴火が発生すると、山腹から大量の溶岩が流出していたのが、山頂からの爆発が繰り返されるようになりました。このため周辺地域では火山灰や噴石、さらには空振による被害が起きるようになりました。空振は爆発による衝撃波で、数十キロ遠方まで聞こえ、ときにはガラスの破損のような被害をもたらします。

一九八六年一一月二三日には直径二メートル（推定重量約五トン）の噴石がホテルを直撃、六名が重軽傷を負いました。

降灰による被害地域は大きく変わりました。西側に位置する鹿児島市に大量の火山灰が降るようになり、市民生活に支障をきたすこともしばしばです。山体には火山灰が厚く堆積しているので、大雨が降れば土石流が発生することもあります。桜島周辺では半世紀以上の長期にわたり、降灰をはじめとする、いろいろな火山の脅威にさらされています。

南九州に厚く堆積しているシラス層は、姶良カルデラからのサラサラとした火山灰の堆積によって形成されました。シラス層は保水力がなく大雨が降ると、すぐ崖崩れなどの災害が発生します。何十メートルものシラス層の形成は地元の人以外にはなかなか理解されにくいかもしれません。しかし、桜島が毎日のように火山灰を噴出させ、しかもそれが半世紀以上も続いている現実を見ると、シラス台地の形成も理解できてくるでしょう。

一九六〇年から京都大学防災研究所が付属施設として桜島火山観測所を設立し、以来今日まで火山科学の最先端の観測・研究が続けられています。

6 海上に現れたカルデラ壁の薩摩硫黄島

薩摩硫黄島（ランクA、七〇四メートル）は東西六キロ、南北三キロの火山島で、東へ二キロの昭和硫黄島や同じく七〜一二キロの竹島とともに、鬼界カルデラ（東西二三キロ、南北一六キロ）の北縁を形成しています。七三〇〇年前に噴火を起こした鬼界カルデラの北縁に六〇〇〇年前ごろから形成されました。一五〜一六世紀ごろからは噴火が繰り返されています。

一九三四年には海底噴火が起こり新島が出現しましたが、間もなく姿を消してしまいました。しかし翌年再び島が現れ、標高がおよそ五〇メートルの新島が再生されました。現在の昭和硫黄島です。一九九八年から二〇〇四年までは毎年のように噴火が発生し、二〇一三年にも小規模ながら噴火が発生しています。二〇一九年一〇月一二日にも令和最初の噴火が記録されています。

7 薩南諸島最大な島でも避難が必要な口永良部島

口永良部島（ランクB、六五七メートル）は西北西－東南東方向一二キロ、最大幅五キロ、西側三分の一でくびれた形の火山島です。くびれた部分から西側が古い火山体、中央から東側の部分が一万年前から現在も活動している新岳や古岳が位置しています。

一九三一年の新岳からの水蒸気爆発では火山泥流が発生し、死者八名、負傷者二六名、一つの集落が全焼し、山林耕地に被害が生じました。

一九四五年以降も小規模な噴火が繰り返され、地震や火山性微動が発生しています。一九六六年の水蒸気爆発では負傷者一名が出ています。二〇一四年七月一三日には水蒸気爆発が起こり噴煙は八〇〇メートルの高さに達し、低温火砕流が発生しました。翌二〇一五年五月二九日にも新岳から水蒸気爆発が起こり、噴煙は一万メートルに達しました。低温火砕流が発生し、襲われた家屋もありましたが、全島民が隣の屋久島に避難しました。

口永良部島は薩南諸島最大の島です。しかし、小さな離島だけに、ひとたび噴火が起これば逃げ場はほとんどなく、今後も島民は島外への避難が必要になるでしょう。

8　頻繁に噴火を繰り返す諏訪之瀬島

諏訪之瀬島（ランクA、七九六メートル）は北北東－南南東方向に八キロ、最大幅五キロの成層火山で、島の頂上部には直径二〇〇メートルと四〇〇メートルの二つの火口が南西─北東方向に並んでいます。中央火口丘の御岳が最高峰です。

歴史に残る最古の噴火は一八一三年の火山爆発で溶岩流も発生し、島の西海岸に達しています。全島民が島外に避難しました。島は七〇年間無人島になりました。島民が島に帰れるようになったのは一八八三年になってからでしたが、一八八四年に噴火が発生し、東海岸まで溶岩流が流れ下りました。その後も噴火が繰り返されました。一九五七年ごろからは、御岳山頂からストロンボリ式、ブルカノ式の噴火がたびたび繰り返されています。二〇二〇年ごろの噴火活動は桜島に次いで日本では二番目に多いとされています。

諏訪之瀬島は薩南諸島の吐噶喇列島の島で、火山活動も活発で、噴火によっては住民の島外避難も必要になってきます。

あとがき

自然災害でも火山噴火は、発生頻度は少ないですが、火砕流や溶岩流などが起これば、命や全財産を根こそぎに失うことになるので、火山体周辺の住民からは恐れられているのです。そして、火山噴火の危険性を説く火山学者の発言は、生まれてから現在で四六億年、おそらく一〇〇億年の寿命がある地球の年齢で私見を述べて注意を喚起しています。しかし、その発言は三〇〇〇年の歳月を「たった三〇〇〇年」と表現するように、地球のタイムスケールで話をします。このような発言を聞いた一般市民は「たった」という言葉に惑わされ、自分自身の寿命、つまり人間の寿命一〇〇年のタイムスケールに置き換えてしまい、火山噴火がすぐにでも起きてしまうような錯覚に陥るのです。

火山学者の中でも、学問の性質上、常に地球のタイムスケールで思考する火山地質学者にこのような発言が数多く見られますが、メディアに出る学者たちも、そのような傾向があります。「危ない、危険」を連呼したほうが、司会者も視聴者も強い関心を示し、自分自身が注目を浴びるからなんとなく心地よく、そのような発言になることが多いようです。

火山噴火による災害を考えるとき、このような風潮、あるいは傾向は決して良いものではありません。多くの人に無用な心配をさせるからです。火山の噴火活動、あるいは火山活動の本当の姿を知り、人間のタイムスケールでそれを受け止め、考えるようにすべきと、本書を執筆しました。読者にその真意が伝わることを願っています。

使用した写真の多くは、東京大学地震研究所の浅間観測所で長い間、火山観測や調査の業務に従事した小山悦郎さんから頂きました。槍ヶ岳の写真は長野県の赤田宗久さん、三瓶山の写真は松江市の定秀陽介さんからそれぞれ頂きました。並記して厚く御礼申し上げます。

青土社の菱沼達也氏は原稿を精読してくださり多くの助言を頂きました。特に二つの年表をまとめたことにより、それぞれ日本列島の火山活動が新しい目で見られるようになりました。出版を決めて下さった社長の清水一人氏ともども感謝申し上げます。

二〇二一年九月

神沼克伊

年表1　日本列島の一九四五年までの主な噴火

年	月日	できごと
五五三（欽明天皇一四）	？	阿蘇山（日本最古の噴火記録『理科年表』）
六八四（天武天皇一二）		伊豆大島
六八五（天武天皇一三）		浅間山噴火（草木皆枯れる）
七〇八（和銅元）		桜島
七四二（天平一四）	一二月二八日	霧島山（御鉢）（太鼓のような音）
七六四（天平宝字八）		錦江湾に三島出現、桜島・鍋山出現、「瀬戸溶岩」（「天平溶岩」）流出
七八八（延暦七）		霧島山（御鉢）
八〇〇（延暦一九）〜八〇二（延暦二〇）		富士山・足柄路埋没
八〇六（大同元）		磐梯山・猪苗代湖の出現
八三八（承和五）		神津島・天上山出現
八六四（貞観六）六月〜八六六（貞観八）		富士山・「貞観噴火」、「青木ヶ原溶岩流」、富士五湖の形成
八六七（貞観九）	三月四日	鶴見岳
八七一（貞観一三）	五月五日	鳥海山・火山泥流
八八五（仁和元）	八〜九月	開聞岳・山頂に溶岩ドーム
八八六（仁和二）	七月三日	伊豆・新島出現
九一五（延喜一五）		十和田・プルニー式噴火、大量の降下物、大火砕流

九四五（天慶八）		霧島山（御鉢）
一〇三三（長元五）		富士山
一〇四二（長久三）		白山・翠ケ池火口？
一〇八三（永保三）		富士山
一〇八五（応徳二）		三宅島
一一〇八（天仁元）	九月五日	浅間山・前掛火山の史上最大級の噴火
一二三五（文暦元）	一月二五日	霧島山（御鉢）
一二五一（建長三）	五月一八日	赤城山
一二六五（文永二）〜一三八八（元中五）		阿蘇山（連続二四回にわたり噴火記事『火山噴火志』）
一四〇八（応永一五）〜一四一〇（応永一七）		那須岳・火山泥流、山麓で一八〇名の死者
一四六八（応仁二）〜一四七八（文明一〇）		桜島・一四七一（文明三）「文明の大噴火」、「文明溶岩」流出
一四八七（長享元）		八丈島
一五一八（永正一五）		八丈島
一五二二（大永二）		八丈島・小富士山の噴火
一五三二（天文元）	一月一四日	浅間山
一五五四（天文二三）〜一五五六（弘治二）		白山・頂上の火山群形成
一五八七（天正一五）		阿蘇山・火砕丘生成

一五九六（慶長元）	五～八月	浅間山・死者多数
一五九七（慶長二）		岩木山
一六〇五（慶長一〇）	一〇月二七日	八丈島
一六〇六（慶長一〇）	一月二三日	八丈島・新島出現
一六二四（寛永元）		蔵王山
一六二五（寛永二）		日光白根山（『理科年表』にはなし）
一六四〇（寛永一七）	七月三一日	北海道駒ケ岳・岩屑なだれが発生し南側では大沼の景観創出、東側では津波発生、沿岸住民約七〇〇名犠牲
一六四三（寛永二〇）	三月三一日	三宅島・溶岩流出
一六四四（正保元）～一六六一（寛文元）		浅間山・毎年のように噴火を繰り返す。
一六四七（正保四）～一六四八（慶安元）		浅間山・火山泥流、家屋流出
一六四九（慶安二）		日光白根山
一六五二（永応元）		青ヶ島
一六六三（寛文三）	一二月二七日	雲仙岳・「古焼溶岩」
一六六三（寛文三）	八月一六日	有珠山・多量の噴石、五名死亡
一六八四（貞亭元）	三月三一日	伊豆大島・「貞亭の大噴火」
一六八六（貞亭三）	四月二五日	岩手山・火砕サージ
一七〇六（宝永四）	一月二八日	霧島山（御鉢）神社堂塔焼失

一七〇七（宝永三）	一二月一六日	富士山・宝永山生成、降灰砂は東方九〇キロの川崎で五センチ、「宝永の大噴火」
一七一二（正徳元）	二月四日	三宅島・溶岩流出
一七一六（享保元）三月一一日〜一七一七（享保二）		霧島山（新燃岳）火砕流
一七一七（享保二）九月二三日〜一七二一（享保六）		浅間山・五名死亡、一七二九（享保一四）まで断続的にほぼ毎年噴火
一七一九（享保四）	二月	岩手山・「焼走り溶岩」（『理科年表』では一七三二（享保一七））
一七三八（元文三）	八月一三日	九重山
一七三九（元文四）	八月一九日	樽前山
一七四一（寛保元）	八月二三日	渡島大島・山体崩壊・岩屑なだれにより津波発生、一四八七名死亡、流出家屋七九一棟
一七五四（宝暦四）	八月七日	浅間山・山林耕地被害
一七六三（宝暦一三）	八月一六日	三宅島
一七六八（明和四）		霧島山（韓国岳）・山体崩壊
一七六九（明和五）	一月二三日	有珠山・「明和火砕流」、四三名死亡
一七七一（明和八）〜一七七二（明和九）		霧島山（新燃岳）火口内に溶岩湖
一七七三（安永二）		新潟焼山・火砕流

一七七七(安永六)八月三一日〜一七七九(安永八)		伊豆大島・「安永の大噴火」
一七七九(安永八)一一月九日〜一七八二(天明二)		桜島・「安永の大噴火」、「安永溶岩」流出、一五〇余名死亡、海底噴火では津波発生、八名死亡
一七八〇(安永九)七月二八日〜一七八五(天明五)		青ヶ島・溶岩流、家屋ほとんど焼失、一四〇名死亡、無人島に
一七八三(天明三)	三〜四月	岩木山
一七八三(天明三)	五月九日〜七月一五日	浅間山・「天明の大噴火」、鬼押し出し溶岩流、鎌原火砕流では四六六名死亡
一七九一(寛政三)	九月一一日	桜島・降灰
一七九二(寛政四)	二月一〇日	雲仙岳・鳴動はじまる、五月二一日前山崩壊「島原大変肥後迷惑」
一七九六(寛政八)	一一月	硫黄鳥島・島民徳之島に避難
一七九九(寛政一一)	三月二七日	桜島・降灰、耕地被害
一八〇一(享和元)	八月一〇日	鳥海山・新山〈享和岳〉生成、死者八名
一八〇三(享和三)	一一月七日	浅間山・家屋倒壊、以後ときどき噴火繰り返す
一八一一(文化八)		三宅島
一八一三(文化一〇)		諏訪之瀬島・溶岩流発生、全島民避難、七〇年間無人島
一八一四(文化一一)〜一八一六(文化一三)		阿蘇山 一名死亡、耕地荒廃
一八二二(文政五)	三月一二日	有珠山・「文政火砕流」、一村落全滅、八三名死亡、農耕馬多数死

一八二六（文政九）〜一八二八（文政一一）		阿蘇山・噴火繰り返し
一八三〇（天保元）		阿蘇山・火砕丘生成、以後一九世紀繰り返し噴火活動
一八三五（天保六）	一一月一一日	三宅島・溶岩流
一八四五（弘化二）	四月四日	岩木山
一八四六（弘化三）	八月	那須岳
一八四六（弘化三）		恵山
一八五二（嘉永五）一一月一日〜一八五四（安政元）		新潟焼山・多数の噴気孔
一八五三（嘉永六）	四月二二日	有珠山・「大有珠」生成、「嘉永火砕流」発生も集落のない地域だったので大災害には至らず
一八五六（安政三）	九月二〇日	北海道駒ケ岳・火砕流、二〇名前後死亡
一八六七（安政四）〜一八六八（安政五）		知床硫黄山
一八六七（慶応三）	一〇月二一日	蔵王山・湖底噴火、火山泥流、三名死亡
一八七二（明治五）	一二月一日	阿蘇山・数人死亡、以下断続的に活動続く
〜一九三〇（昭和五）		阿蘇山・山林荒廃
〜一九三三（昭和八）		阿蘇山・一三名負傷、山林耕地荒廃
一八七四（明治七）	二月八日	樽前山・溶岩円頂丘崩壊
一八七四（明治七）	七月	三宅島・溶岩流、一村落四五軒全滅、一名死亡

一八七六（明治九）〜一八七七（明治一〇）		伊豆大島・火砕丘形成
一八八〇（明治一三）		霧島山（御鉢）・一七四年ぶりの噴火、火口内に硫黄堆積、一八八八年、一八八九年の二回の噴火で硫黄飛散
一八八二（明治一五）	八月六日	草津白根山
一八八四（明治一七）		諏訪之瀬島・溶岩流出、前年島民戻る
一八八八（明治二一）		磐梯山・水蒸気爆発、山体崩壊、村落埋没
一八八九（明治二二）〜一九〇〇（明治三三）		知床硫黄山
一八八九（明治二二）		硫黄島・初めて水蒸気爆発確認、以来一〇回以上の噴火
一八九〇（明治二三）〜一八九一（明治二四）		秋田駒ケ岳
一八九三（明治二六）〜一八九五（明治二八）		霧島山（御鉢）・四名死亡、家屋二二軒焼失、以下活動続く
〜一八九六（明治二九）		霧島山（御鉢）・二名死傷
〜一九〇〇（明治三三）		霧島山（御鉢）・五名死傷
〜一九二三（大正一二）		霧島山（御鉢）・一名死亡
一八九三（明治二六）	五月一五日	吾妻山（一切経山）・「明治噴火」、噴火調査者二名殉職
一八九五（明治二八）	九月二七日	蔵王山・湖底噴火、火山泥流
一八九六（明治二九）		伊豆大島・火口底に溶岩湖、「御神火」
一八九七（明治三〇）		草津白根山・硫黄鉱山施設破壊
一八九九（明治三二）	八月二四日	安達太良山・硫黄鉱山施設関係者七二名死亡

一九〇二（明治三五）	七月一五日	草津白根山・硫黄鉱山施設破壊
一九〇二（明治三五）	八月	伊豆鳥島・全島民一二五名死亡
一九〇三（明治三六）		硫黄鳥島。全島民が一時久米島に移住
一九〇五（明治三八）	八月一九日	北海道駒ケ岳・火山泥流
一九〇七（明治四〇）〜一九〇九（明治四二）		浅間山・一九世紀から活動続く、爆発の空振・降灰で被害
〜一九一一（明治四四）		浅間山・活動継続、一名死亡、二名負傷
〜一九三〇（昭和五）		浅間山・活動継続、ときどき家屋、山林耕地に被害、噴石で六名死亡、以後も活動継続
一九〇九（明治四二）	二〜四月	樽前山・溶岩円頂丘再生
一九一〇（明治四三）		有珠山・山腹噴火、火山泥流、「明治新山」生成、一名死亡
一九一二（明治四五）〜一九一四（大正三）		伊豆大島・溶岩流、前後活動継続
一九一四（大正三）	一月一二日〜八月	桜島・「大正溶岩」、大隅半島とつながる、諸村落埋没、五八名死亡、一一二名負傷、耕地被害甚大
一九一四（大正三）		中之島（御岳）
一九一五（大正四）	六月	焼岳・火山泥流、「大正池」出現
一九二五（昭和元）〜一九二六（昭和二）		十勝岳・「大正泥流」、二村落埋没、一四四名死亡・行方不明、山林耕地荒廃
一九二九（昭和四）	七月一七日〜九月六日	北海道駒ケ岳・火砕流、家屋の破壊一九一五棟、山林耕地荒廃

一九三一（昭和六）		口永良部島・火山泥流、一村落全焼、山林耕地被害、八名死亡、二六名負傷
一九三二（昭和七）		草津白根山・火山泥流、硫黄鉱山施設破壊、二名死亡
一九三二（昭和七）	七月二一日〜三〇日	秋田駒ケ岳・噴石丘、泥流
一九三二（昭和七）	一二月一八日	阿蘇山・前後活動継続、噴石で一三名負傷
一九三四（昭和九）		薩摩硫黄島・海底噴火、新島出没
〜一九三五（昭和一〇）		薩摩硫黄島・海底噴火、新島「昭和硫黄島」再生。標高五〇メートル
一九三五（昭和一〇）〜一九三六（昭和一一）		知床硫黄山
一九三五（昭和一〇）		伊豆大島・火口底に溶岩湖、「御神火」
一九三九（昭和一四）	八月一八日	伊豆鳥島・溶岩流、全島民島外に去る
一九三九（昭和一四）		伊豆大島・噴火とともに火口底に溶岩湖
一九四〇（昭和一五）	七月一二日〜七月一八日	三宅島・溶岩流、一一名死亡、全壊・焼失家屋二四軒
一九四二（昭和一七）		北海道駒ケ岳
一九四四（昭和一九）〜一九四五（昭和二〇）		有珠山・山腹噴火、「昭和新山」生成
一九四四（昭和一九）		栗駒山・「昭和湖」出現

年表2　一九四六〜二〇二〇年の日本列島の主な噴火

年	月日	できごと
一九四六年	一月〜一一月	桜島・「昭和溶岩」、村落埋没、山林耕地被害、一名死亡
一九四七年	八月一四日	浅間山・山火事、噴石で九名死亡
一九五〇〜五一年		伊豆大島・溶岩流出、三原砂漠埋没
一九五〇年	九月二三日	浅間山・噴石で一名死亡、一名負傷、前後降灰や空振が継続している
一九五二年	九月一七日	ベヨネース列岩・海底噴火、新島（「明神礁」）出没、噴火を調査に行った調査船「第五海洋丸」九月二四日遭難、全乗員三一名殉職、活動は一九五三年九月まで続いた
一九五三年	四月二七日	阿蘇山・一二名死亡、九〇余名負傷、以前も以後も活動続く
一九五三〜五四年		伊豆大島・溶岩流出
一九五五年	五月〜六月	雌阿寒岳・山林耕地被害
一九五五年	一〇月一三日	桜島・山林耕地被害、一名死亡、以後二一世紀に入っても断続的に活動続く
一九五七〜五八年		伊豆大島・一名死亡、五八名負傷
一九五八年	六月二四日	阿蘇山・一二名死亡、二八名負傷、観光施設破壊、山林耕地被害この噴火の前後も活動は継続中
一九五九年		硫黄鳥島・全島民が移住、無人島となる
一九五九年		霧島山（新燃岳）・山林耕地被害
一九六一年	八月一八日	浅間山・前後活動継続中、死者・行方不明一名、山林耕地被害、二一世紀に入っても断続的に活動

一九六二年	八月二四日〜二五日	三宅島・溶岩流出、家屋焼失五棟、山林耕地被害、学童島外避難
一九六二年	六月一七日	焼岳・火山泥流、噴石で二名負傷
一九六二年	六月二九日〜三〇日	十勝岳・硫黄鉱山施設・山林耕地被害、五名死亡、一一名負傷
一九六五年	一〇月三一日	阿蘇山・観光施設破壊、この噴火の前後も活動継続中
一九六六年		口永良部島・一九四五年以来小規模な噴火が繰り返されていたがこの年の噴火で三名負傷
一九七〇〜七一年		秋田駒ケ岳・溶岩流出
一九七三年		西之島・海底噴火で七月一一日に新島発見
一九七四年		西之島・溶岩流、新島の面積は拡大し旧島につながった
一九七四年	三月一日〜五月二八日	鳥海山・火山泥流
一九七四年	七月二八日	新潟焼山・割れ目噴火、火山泥流、噴石で三名死亡
一九七七〜七八年		有珠山・泥流、降灰砂、山林耕地・家屋被害、死者・行方不明三名
一九七九年	九月六日	阿蘇山・三名死亡、一一名負傷、連続的に活動継続中
一九七九年	一〇月二八日	御嶽山・有史以来の噴火（山頂での水蒸気爆発）低温火砕流、火山灰降下
一九八三年	一〇月三日〜四日	三宅島・「昭和五三年（一九八三年）三宅島噴火」、溶岩流出、家屋埋没約四〇〇棟
一九八三年	一一月一三日	草津白根山

一九八六年	一一月一五日〜一二月一八日	伊豆大島・溶岩流出、北測の割れ目噴火で溶岩噴泉、全島民島外避難
一九八六年	一一月二三日	桜島・噴石（推定五トン）ホテル直撃、六名負傷
一九八九年	七月一三日	伊豆東部火山群・伊東沖で群発地震続き海底噴火、「手石海丘」（頂上部の深さ一一八メートル）を形成
一九九〇〜九六年		雲仙岳・一九八年ぶりの噴火、小規模火砕流多発、火山泥流発生、家屋埋没、山林耕地被害、四四名死亡・行方不明
一九九八年		岩手山・火山性地震頻発、熱異常、しかし噴火に至らず
一九九八〜二〇〇四年		薩摩硫黄島・毎年のように噴火が繰り返された
二〇〇〇〜〇一年		有珠山・三月三一日山腹噴火、泥流、降灰砂、地殻変動で家屋・道路破壊、山林耕地被害
二〇〇〇年	七月八日	三宅島・山頂からのブルカノ式噴火、火山泥流、火山ガス（一日二〜五万トン）、全島民島外に避難、二〇〇三年には火山ガスは一日一万トン以下に）、二〇〇五年二月避難解除
二〇〇〇年	九月四日〜一一月八日）	北海道駒ケ岳・噴石多数
二〇〇六年	六月	桜島・五八年ぶりに昭和火口から噴火、活動継続
二〇一一年	一月二六日	霧島山（新燃岳）・多量の降灰、二三〇年ぶりに火口内に溶岩充満
二〇一三年		西之島・海底噴火、一一月二〇日新島発見、溶岩流、一二月二六日に新島は旧島につながる。
二〇一四年	七月一三日	口永良部島・低温火砕流

二〇一四年	九月二七日	御嶽山・低温火砕流、火山灰降下、火山礫・投出岩塊で五八名死亡、五名行方不明
二〇一五年	五月二九日	口永良部島・低温火砕流、全島民島外に避難
二〇一五年		阿蘇山・普通の火山噴火だったのがマグマ水蒸気噴火発生、連続的に火山灰噴出
二〇一七年		西之島・噴火確認、溶岩流、島の面積二・九一平方キロ、以後もときどき噴火し溶岩流噴出を続け二〇二一年に至る
二〇一八年		霧島山（新燃岳）・火口内に溶岩流出、韓国岳のえびの高原（硫黄山）で小規模な水蒸気爆発
二〇一八年	一月二八日	草津白根山・本白根山より水蒸気爆発、一名死亡、一一名負傷
二〇一九年	一〇月一二	薩摩硫黄島
二〇二〇年		諏訪之瀬島・二〇世紀後半からストロンボリ式及びブルカノ式噴火を継続している

著者　神沼克伊（かみぬま・かつただ）

1937年神奈川県生まれ。固体地球物理学が専門。国立極地研究所ならびに総合研究大学院大学名誉教授。東京大学大学院理学研究科修了（理学博士）後に東京大学地震研究所に入所し、地震や火山噴火予知の研究に携わる。1966年の第8次南極観測隊に参加。1974年より国立極地研究所に移り、南極研究に携わる。2度の越冬を含め南極へは15回赴く。南極には「カミヌマ」の名前がついた地名が2箇所ある。著書に『南極情報101』（岩波ジュニア新書、1983）、『南極の現場から』（新潮選書、1985）、『地球のなかをのぞく』（講談社現代新書、1988）、『極域科学への招待』（新潮選書、1996）、『地震学者の個人的な地震対策』（三五館、1999）、『地震の教室』（古今書院、2003）、『地球環境を映す鏡　南極の科学』（講談社ブルーバックス、2009）、『みんなが知りたい南極・北極の疑問50』（サイエンス・アイ新書、2010）、『次の超巨大地震はどこか？』（サイエンス・アイ新書、2011）、『次の首都圏巨大地震を読み解く　M9シンドロームのクスリとは？』（三五館、2013）、『白い大陸への挑戦　日本南極観測隊の60年』（現代書館、2015）、『南極の火山エレバスに魅せられて』（現代書館、2019）、『あしたの地震学』、『あしたの南極学』（いずれも青土社、2020）など多数。

あしたの火山学

地球のタイムスケールで考える

2021年10月30日　第1刷印刷
2021年11月15日　第1刷発行

著者——神沼克伊

発行人——清水一人
発行所——青土社

〒101-0051　東京都千代田区神田神保町1-29　市瀬ビル
［電話］03-3291-9831（編集）　03-3294-7829（営業）
［振替］00190-7-192955

印刷・製本——シナノ印刷
装幀——水戸部功
カバー写真——小山悦郎

ISBN978-4-7917-7425-8 C0044